Cluster Creator Kit／Unity 2021 対応

メタバース
ワールド
作成入門

clusterで作る仮想世界・イベント空間

vins

［著］

SE
SHOEISHA

本書内容に関するお問い合わせについて

このたびは翔泳社の書籍をお買い上げいただき、誠にありがとうございます。
弊社では、読者の皆様からのお問い合わせに適切に対応させていただくため、以下のガイドラインへの
ご協力をお願いいたしております。

　下記項目をお読みいただき、手順に従ってお問い合わせください。

ご質問される前に

弊社Webサイトの「正誤表」をご参照ください。これまでに判明した正誤や追加情報を掲載しています。

https://www.shoeisha.co.jp/book/errata/

ご質問方法

弊社 Web サイトの「刊行物 Q&A」をご利用ください。

刊行物Q&A　https://www.shoeisha.co.jp/book/qa/

インターネットをご利用でない場合は、FAX または郵便にて、下記翔泳社愛読者サービスセンター
までお問い合わせください。電話でのご質問は、お受けしておりません。

回答について

回答は、ご質問いただいた手段によってご返事申し上げます。ご質問の内容によっては、回答に数日
ないしはそれ以上の期間を要する場合があります。

ご質問に際してのご注意

本書の対象を越えるもの、記述個所を特定されないもの、また読者固有の環境に起因するご質問等
にはお答えできませんので、あらかじめご了承ください。

郵便物送付先およびFAX番号

送付先住所　〒160-0006　東京都新宿区舟町5
FAX番号　　03-5362-3818
宛先　　　　㈱翔泳社 愛読者サービスセンター

まえがき

「メタバース」という言葉。あなたも一度は聞いたことがありますよね。

テレビで放映された、3D世界で遊んでいる人たちの映像。新聞で記事になった、新しいビジネスや創作の可能性。あちこちのお店で見かけるようになったVR端末。書店のベストセラーコーナーに並ぶメタバースの本。SNSに流れてくる色々なメッセージ。

わかるようでわからない……だけど気になるのが「メタバース」です。

そんなあなたにオススメなのが、**国産の「cluster（クラスター）」を実際にやってみる**ことです。

日本語でできる！

スマホでもできる！

無料！（イベントで他のユーザーに**投げ銭**したり、簡易ワールドをつくるためのアイテムを購入したりすることはできます）

キャラ（アバター）もワールドもつくりやすい！

でも、やりこんでいくと奥が深い！　もちろん**VR機器も使える！**

▲ cluster（クラスター）のメリット

筆者は現在日本人が「メタバース」をはじめるときに、**一番ハードルが低いのがcluster**だと考えています。

あなたが手に持っている**スマホで、clusterのアプリをダウンロードすればもうあなたは「メタバース」の住人**なのです。

3Dワールドを飛び回り、撮った写真をSNSに上げるもよし。VRで、目の前に現れるきれいなワールドに感動するもよし。オシャレなイベント、面白いイベント、ためになるイベント、ただのおしゃべり、**clusterでは毎日たくさんの人が楽しい時間を過ごしています。**

ですが、やはり**「メタバース」の醍醐味は「つくること！」**にあります。

あなたそっくりの（あるいはあなたと全く違う！）アバターづくり。自分の好みを全開にしたワールドづくり。友達とのたまり場ワールドづくり。あなたが描いた絵、つくった音楽、書いた詩や俳句、さらには3Dアートなど、色々なものを展示するワールドづくり……さらにはそこで開く自分のイベント！

これまでになかったタイプの創作を、clusterでは体験することができるのです。

cluster創業者、加藤直人氏も著書でこう語っています（太字は筆者）。

メタバースは自己組織化された構造体である。

そのため、**プラットフォームを提供する企業が想像もつかないようなコンテンツが創造される**可能性に開かれている。

参加したユーザーの中に才能あるクリエイターたちが存在し、クリエイターの想像から新たなコンテンツが生まれるのである。

自己組織化されることでメタバースは発展し続ける。ユーザーが熱量を保つために追加コンテンツを投下するといった運用は必要ない。やがて大きくなって世界を飲み込むようなエコシステムになっていく。

加藤直人 著『メタバース さよならアトムの時代』Kindle版 38ページより（集英社ノンフィクション、2022）

そう、「メタバース」が従来のネットゲームやネットサービスと違うのは「つくること」。しかも、**「ユーザーが勝手につくること」**なのです。

clusterをつくった加藤さんですら全く想像もしなかった、色々な可能性が今日もまたclusterで生まれているのです。大人だけでなく、子どもたちからも生まれています。

きっとこの流れは、止まりません。「メタバース」という新しい世界の登場によって、これから**10年、20年と時間が経つにつれて、私たちは驚くほど「つくること」に親しんでいくはず**です。

ですから、メタバースってなんだろうなという方は、まずは**日本発で気軽にはじめられる「メタバース」であるcluster を楽しんでみてください**。この新しい世界で、すでに多くの人がきれいなもの、面白いもの、ヘンなものをつくってコミュニケーションしている姿を見てください。**ミライに向かって時代が動いていることを、数日かけてたっぷり実感してみてください**。メタバースのおおよそを理解できるようになるはずです。

そしてもっとメタバースを理解するためには、実際につくってみましょう。

この本は、そのために書きました。1〜2章はcluster自体や遊び方の説明ですが、3〜7章は**「ワールドづくり」**の説明を詳しく行っていきます。

clusterには「ワールドクラフト」という初心者向けのワールド作成ツールがありますが、さらにその先の**本格的なワールドまでつくれるように書かれた本**となっています。

本格的にワールドを作成する際には、**Unityという、プロ・アマ問わずゲーム開発者やデザイナーに使われているとても有名なツール**を使います。これを使えば、無限の可能性が広がる自由でクリエイティブなワールドをあなたのパソコンでつくれるのです。

　友達に見せたい、家族に見せたい、世界のみんなに見てもらいたい、来てもらいたい。そんなワールドのつくり方を、可能な限りていねいに説明していきます。

　申し遅れましたが、私はclusterで主にゲームワールドをつくっているvinsと申します。クラスター社が公式に行ったゲームワールドコンテストで大賞をいただいたこともあります。最近ではクラスター社の依頼で、公式の解説記事を書かせていただく機会も増えました。

　筆者も、これまで**想像もしていなかったタイプの創作や交流をcluster**で経験しました。clusterをはじめたとき、「このタイミングでclusterに飛びついてよかった！」と本当に思いました。

　だから、**いま「メタバース」をclusterではじめましょう。**まだはじめていない人たちの先を行きましょう。

　そして、つくっていきましょう。

　この先に、ミライがあります。

CONTENTS 目次

- ■ まえがき ……………………………………………………………… 003
- ■ 本書のサンプルのテスト環境 ……………………………… 011
- ■ サンプルファイルと特典データのダウンロードについて …… 012

CHAPTER 01 メタバースで人気のclusterとは …………… 013

- 1-1 そもそもメタバースって? ……………………………… 014
- 1-2 clusterは国産メタバースのトップ ………………… 021
- 1-3 clusterで何ができるのか? …………………………… 023
- 1-4 clusterのワールドやイベントを紹介 ……………… 026
- 1-5 clusterで使われているアバターの紹介 ………… 036

CHAPTER 02 cluster利用入門 …………………………………… 039

- 2-1 clusterをはじめる ………………………………………… 040
- 2-2 インストールが済んだら ……………………………… 046
- 2-3 まずはホームで遊んでみよう …………………………… 047
- 2-4 アバターをつくってみよう …………………………… 050
- 2-5 交流のための操作に慣れよう ………………………… 054
- 2-6 ロビーに行ってみよう …………………………………… 059

2-7　設定を変えてみよう ──────────────── 062

2-8　ちょっと交流したらフレンド申請も ──────── 064

2-9　困ったときは ──────────────────── 066

2-10　色々なワールドに行ってみよう ─────────── 068

2-11　マイクでしゃべってみよう ─────────────── 069

2-12　イベントに行ってみよう ─────────────── 071

2-13　スクリーンにファイルや画面を表示しよう ───── 075

2-14　イベントをつくってみよう ─────────────── 079

2-15　イベントでの操作など ──────────────── 085

2-16　VR (Meta Quest2) でプレイしてみよう ──────── 089

2-17　発展的な操作 ──────────────────── 095

CHAPTER 03　ワールドクラフトで簡易ワールドをつくろう ────── 099

3-1　ワールドクラフトをはじめよう ─────────── 100

3-2　アイテムを置いていく ──────────────── 104

3-3　少しフクザツな動き ──────────────── 108

3-4　ワールドを公開する ──────────────── 112

3-5　細かいテクニック ──────────────── 116

CHAPTER **04** Unityを使ったワールド作成の準備 ················· 123

4-1 パソコンの性能 (スペック) をチェック ·············· 124

4-2 Unityをインストールしよう ····················· 126

4-3 サンプルプロジェクトを入れる ···················· 132

4-4 Unityを日本語表示にしよう ····················· 135

4-5 すませておいたほうがいい設定 ···················· 137

4-6 Unityの基本操作を少しチェック ·················· 139

4-7 できること、できないことをチェックしよう ········· 148

4-8 できればあるといいソフト ······················· 150

4-9 ワールド作成のコツと心構え ······················ 153

CHAPTER **05** Unity ワールド作成の基本 ····················· 159

5-1 まずハコだけ置いて、テストプレイしよう ··········· 160

5-2 ワールドをアップロードしてみよう ················ 164

5-3 ハコ (オブジェクト) はどうできているのか ········· 167

5-4 マテリアル (見た目の設定) を変えてみよう ········· 172

5-5 音楽を流してみよう ····························· 177

5-6 きれいなエフェクトPPSを使おう ················· 180

5-7　パーティクル（エフェクト）を出してみよう ················ 185

5-8　シンプルな画像を展示してみよう ················ 192

5-9　置いたモノを整理しよう（親子関係）················ 195

5-10　サンプルプロジェクトの素材をどんどん使おう ················ 200

5-11　アセットストアで入手したアセットを使おう················ 207

5-12　少し高度な操作 ················ 211

5-13　ライトの設定を変えてみよう ················ 212

5-14　スタート位置を変えてみよう ················ 217

5-15　空の色を変えてみよう ················ 218

5-16　スクリーンを置いてみよう ················ 221

5-17　ここまで出てきたコトバを整理 ················ 223

5-18　第5章の中身全部入りのサンプル ················ 224

CHAPTER 06　「アイテム」作成の基本 ················ 227

6-1　持てる「アイテム」から軌跡を出そう ················ 228

6-2　ボタンからパーティクルを出してみよう ················ 236

6-3　プレイヤーのスピードを設定しよう ················ 240

6-4　投げられるボールをつくろう ················ 244

6-5　的をつくって音を出そう ──────────── 248

6-6　ボールが出てくるマシンをつくろう ──────── 254

6-7　あちこちから的が出てくるようにしよう ────── 260

6-8　すわれるイスをつくろう ────────────── 268

6-9　ワープするボタンをつくろう ──────────── 271

6-10　アイテム作成の注意点 ───────────── 274

6-11　第6章の中身全部入りのサンプル ────── 275

CHAPTER 07　よりよいワールドとアイデア ──────── 277

7-1　ライトを「ベイク」してみよう ──────────── 278

7-2　アバターを展示してポーズをとらせよう ───── 284

7-3　Terrainで地形をつくろう ──────────── 292

■ おわりに ─────────────────────── 300

■ INDEX ─────────────────────── 301

本書のサンプルのテスト環境

本書のサンプルは以下の環境で、問題なく動作することを確認しています。

OS	
Windows	10 Home 64bit 21H2
	AMD Ryzen 7 3700X (3.6GHz) ／32GB RAM
	GPU プロセッサ　NVIDIA GeForce RTX 2060
	NVIDIAドライバ　516.59
Windows	11 Home 64bit 22H2
macOS	Monterey
	Intel Core i7 / 2.8GHz / 16GB RAM(MacBook Pro 13inch, 2019, Thunderbolt 3portx4)
Windows/macOS共通	
ブラウザ	Google Chrome 106.0.5249.119 (Official Build) (64 ビット)
Unity Hub	3.3.0
Unity	2021.3.4f1
Cluster Creator Kit	1.16
UniVRM	UniVRM-0.61.1_7c03.unitypackage
Oculus Cliant(Link)	0.1.0
Steam VR	1.24
スマートフォン/QRコード/VR	
スマートフォンOS	Android 13
スマートフォン機種	Google Pixcel 6a
QRコード読み取り	Google カメラ
VR HMD	Meta Quest2
	Oculus Link は AirLink (Wi-fi接続) を使用

▲表：サンプルのテスト環境

■Macにおけるキーについて

本書の解説はWindowsをもとに行っています。Macをご利用の場合は、

- [Ctrl] キーを [Command] キー
- [Del] キーを [Command] + [BS] キー

に読み替えてください。

サンプルファイルと特典データのダウンロードについて

　付属データ（本書記載のサンプルコード）と会員特典データは、以下の各サイトからダウンロードできます。

付属データのダウンロードサイト
`URL` https://www.shoeisha.co.jp/book/download/9784798177663

会員特典データのダウンロードサイト
`URL` https://www.shoeisha.co.jp/book/present/9784798177663
（アイデア集やテクニック集、特別追加記事などダウンロード可能です）

■注意
　付属データに関する権利は著者および株式会社翔泳社が所有しています。許可なく配布したり、Webサイトに転載したりすることはできません。付属データの提供は予告なく終了することがあります。あらかじめご了承ください。

■免責事項
　付属データおよび会員特典データの記載内容は、2022年10月現在の法令等に基づいています。付属データおよび会員特典データに記載されたURL等は予告なく変更される場合があります。

　付属データおよび会員特典データの提供にあたっては正確な記述につとめましたが、著者や出版社などのいずれも、その内容に対してなんらかの保証をするものではなく、内容やサンプルに基づくいかなる運用結果に関してもいっさいの責任を負いません。

　付属データおよび会員特典データに記載されている会社名、製品名はそれぞれ各社の商標および登録商標です。

■著作権等について
　付属データおよび会員特典データの著作権は、著者および株式会社翔泳社が所有しています。個人で使用する以外に利用することはできません。許可なくネットワークを通じて配布を行うこともできません（本書のコンテンツを用い、個人的にclusterへワールドをアップロードする行為は問題ありません）。個人的に使用する場合は、コンテンツの改変や流用は自由です。商用利用に関しては、株式会社翔泳社へご一報ください。

2022年10月
株式会社翔泳社　編集部

CHAPTER 01

メタバースで人気の cluster とは

メタバースで人気のclusterとは

日本発、**スマホでも使える**、**無料**で安心して使えるメタバースのcluster（クラスター）。1章ではそもそもメタバースとは何か、そしてclusterの基本を説明していきます。そしてclusterにどんな**ワールド**や**アバター**があるのか、どういう交流ができるのかを見ていきます。clusterで「早くプレイするところまでいってみたい」という方は、【1-2　clusterは国産メタバースのトップ】、【1-3　clusterで何ができるのか？】から読んでも構いません。

1-1　そもそもメタバースって？

大ざっぱにメタバースを考えるなら

「**メタバースとは何か？**」という問いにいまのところ明確な答えはありません。学者から一般ユーザーまで捉え方はさまざま。結論を大ざっぱにいうと、下記の4つをもってメタバースとしていることが多いようです。

1. ユーザーがつくった**好きなキャラ（アバター）でプレイ**できる
2. **3Dの世界**で行動できる（VRも重要）
3. 他のユーザーと**交流**できる（しかも大規模）
4. ユーザーが**自分でワールドやイベントを丸ごとつくれる**（ここがポイントです）

▲メタバースの特徴

　4.が重要です。ネットゲームでも1.、2.、3.、まではできるものも多いですが、あくまで運営会社の出す課題のクリアがゲームの中核ですね。4.ができるゲームもありますが、制約があったり、ゲーム本編のオマケであったりすることが多いです。しかし、メタバースにおいては**ユーザーが自分の好きなワールドやアバター、アイテムやイベントをつくることがメインコンテンツ**なのです（図1.1）。

アバターで

ユーザーがつくったワールドイベントへ。

VRもできる、交流もできる。さらには経済活動も……

▲図1.1：メタバースのキホン

なりたい自分になって、好きなものをつくれる

　メタバースは**アバター（自分の見た目）をカスタマイズする自由度が高く**、しかも**3D**。普通のSNSなどと比べて没入感が高いので（特にVRを使っていると）アバターの姿に「**第二の自分**」の感覚が生まれることも多いです。アバターであれば、**性別や年齢や人種を超えて（ときにはヒト以外になって……）なりたい自分**になれます（図1.2）。普段は人と交流するのが苦手、まして「**人前で発表したり歌ったり踊ったりなんて考えたこともない**」という人がメタバースなら上手くいくパターンも。

　メタバースでは現実世界の限界を超えて、自由な生き方ができるようになったと感じている方も数多くおられるようです。

▲図1.2：clusterには本当に色々なアバターが

メタバース内での楽しみ方は本当に人それぞれ、**思いもよらぬ出会い**を経験する人もいれば、**他にないクリエイティブな体験**を楽しんでいる人もいます。VR機器を使い、**見たこともない空間の中で感激したりビックリしたりしている人もいます。でも、そこで平然と踊ったり歌ったりしている**人もいます。スマホ1つで、**ゆったりとしたワールドの中に入ってなんとなくおしゃべり**している人もいます。

さまざまな魅力があるメタバースの世界。まずはその意味などについて、少し考えてみることにしましょう。

メタバースという言葉はどこから来たのか

1992年	小説『スノウ・クラッシュ』で「メタバース」という言葉が登場
1997年	MMORPGの大ヒット作ウルティマ・オンライン登場
2003年	セカンドライフリリース
2006年	Robloxリリース
2007年頃	セカンドライフがブームに（PCの性能などに限界があった）
2012年	画期的なVR機器Oculus Riftがクラウドファンディング出資者の元に
2014年	VRChatリリース
	Oculus VR社がFacebook社に買収される
2016年	Oculus Riftが一般の店に並ぶ
	cluster、α版登場
	RobloxがVRに対応。2020年頃にかけ急激に成長し欧米で若者の人気を集める
2017年	clusterの正式版リリース。当初は主にVRイベント用のサービスであった
2018年	この頃からVRChatのユーザー数が急激に伸びる
2019年	この頃からclusterでユーザーが自由につくれるコンテンツの幅が広がる
2020年	PCナシでもプレイできるVR機器Oculus Questの2が登場（現在はMeta Quest2）
	コロナ禍もありQuest2は世界で大ヒット、メタバース系サービスの人気も高まる
	clusterがスマホに対応する
2021年	Facebook社が社名をMetaに変更すると発表
	Meta社がHorizon Worldsというサービスを提供開始
2022年	日本でメタバースを扱う記事・番組などが多数登場

▲ メタバースのカンタンな歴史

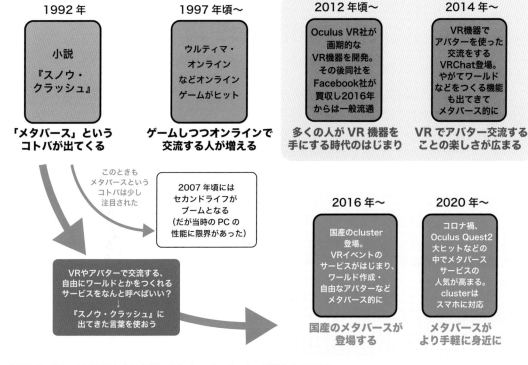

▲**図1.3**：日本では2021年から急激にメタバースというコトバが使われるように

　2022年、メタバースは間違いなく世界の流行語の1つでした。その原因は、2021年にマーク・ザッカーバーグ氏が社の名称を**Facebook**から**Meta**に変えると発表した事件でしょう。ビッグ・テックやGAFAMなどと呼ばれ世界をリードするIT企業の1つであるFacebookが社名まで変える。それなら次はメタバースが必ず来る、こう考えた人は多かったはずです。

　もともとメタバースという単語は1992年に発表された『**スノウ・クラッシュ**』というSF小説に由来するもの（図1.3でも言及）。ゴーグルとイヤホンを付けて仮想現実の世界に入り、アバターで行動する……というサイバーパンク小説なので、たしかにclusterのようなメタバースに通じますね。

MEMO　メタバースは**meta**（高次の・超越した）と**universe**（宇宙・世界・次元）を合わせた言葉です。直訳すれば高い次元の宇宙、（現実などを）超えた世界という感じでしょうか。

　そして「**最近ブームの、VRとかアバターとかで交流するサービスをまとめてなんて呼べばいいんだろう？**」となったとき、「『**スノウ・クラッシュ**』に出てくるメタバースって言葉がピッタリだ」と誰かがいって、そのまま定着してきたのだと思われます。

　いまのメタバースブームをつくり上げたのは、やはり2014年にサービスが開始された**VRChat**でしょう。**Oculus Rift**という画期的なVR機器が一般の店舗で販売されるようになったのは2016年

ですが、それ以前から発表されていた先進的なソフトです（もちろん当時は機能が現在より少なかったようですが……）。

　VR対応、自由度の高いアバター、自由なワールド作成など、VRChatはメタバースといわれるものの条件にピッタリ当てはまります。VR機器の普及と合わせるようにしてユーザーを急激に増やし、多様な文化やムーブメントを生んできました。

 ただし、VRChatを運営するVRChat社は自らのサービスを「ソーシャルVR」と考えており、「メタバース」といういい方はしないようです。また、いまではVR機器がなくてもPCだけでプレイが可能になっています。

　なお2007年頃、仮想現実で交流できる「セカンドライフ」というサービスが流行したときも、メタバースという言葉にいくらか注目は集まったようです。ただ、当時のPCの性能があまり高くなかったなどの問題があり**「セカンドライフ」の流行には限界が**ありました。そのためメタバースという言葉の流行も当時は限定的だったようです。

 ちなみに「セカンドライフ」はいまでもサービスがつづいていて、**世界中にかなり多くのユーザーがいます**。全く人気がなくなった、なんて思っていたらいけませんよ。

オンラインゲームとメタバース

　VRChatやセカンドライフだけでなく、**普通のオンラインゲームもメタバースのルーツと考えられ**ます。アバターの自由度やできることの自由度に限界はあるものの、**オンラインで交流しながら色々なことができるのはメタバースと同じ**だからです。1997年には「ウルティマ・オンライン」というMMO（大規模多人数同時参加オンライン）RPGがサービス開始、その後大ヒットしてメジャーなジャンルに。日本からも「ファイナルファンタジーXI」などが大ヒットしました。**長時間プレイを行い、ネット上でしか会ったことのない人と交流し、使っているキャラクターが自分の分身のように思えてくる**……というのはメタバースに通じるものがありますね（図1.4）。

　しかし、最初にも書いた通り、**オンラインゲームはあくまで運営側が出してくるクエストなどをクリアしていくのが基本的にはメインの遊び方**です。どう遊ぶか、運営側に決められてしまうわけですね。MMORPGと、ユーザーが勝手につくるワールド・アバター・アイテムなどがメインのメタバース。かなり違いがあるといってよいでしょう。

▲図1.4：オンラインゲームはメタバースに通じるものがある（Stable Diffusion で著者が作成した画像）

 MEMO クラスター社の加藤社長はメタバースにあってMMORPGにないもの、つまり
ユーザーの行動や創作から運営側ですら想像しなかったような作品・現象が生ま
れることを「**自己組織化**」という言葉で表現しています。詳しく知りたい方に向け
た参考文献を紹介しています（P.20）。

　ただ、オンラインゲームの中にも「あつまれ どうぶつの森」、「マインクラフト」や「フォートナイト」
など、**ユーザーが勝手につくる部分や交流する部分に力を入れたゲームはあります。**こうしたゲーム
は「メタバースとの差が小さく、メタバースの枠に入れてしまってもいいのでは」と考える人もいるよ
うです。

見逃せない、メタバース内の経済

　ここまで挙げてきたものの他に、「（ユーザー同士の）**経済活動が行われている**」点をメタバースの重
要ポイントとして挙げる人もいます。ただ**アバターやワールドやイベントをつくるだけではなく、それ
で人からお金をもらえる**ことがある場所。ここがしっかりしてこそ、本当に現実世界の限界から人々が
解放され、自由な生き方ができるようになり、メタバースが過去のサービスと全く違うモノになれると
いうわけです。

　この点で強いのは英語圏の若者に超人気のメタバース「Roblox」です。**すでに何百億円ものお金が
ユーザー間でやり取り**されています。clusterでも投げ銭のような機能がありますし、**簡易ワールド用
のアイテムを売買できる機能も登場**しました。

> **MEMO** ちなみに最近流行のNFT（Non-Fungible Token）やブロックチェーンの技術に、メタバースと直接の関係はありません。こちらに興味がある方は、Web3関係の書籍を参考にしてください。

ビシッとメタバースを定義できるのか？

結局、**メタバースという言葉はかなりあやふや**です。「最近流行っているVRとかアバターとかユーザーがつくるワールドとか、**そういう系のサービスをまとめてなんと呼べば……**」という流れの中でなんとなく定着してきた言葉と考えてよいでしょう。

だからビシッと定義するよりも、「アバターの自由度」「VRと3Dに対応」「大人数での交流」、そして「**ユーザーがつくったコンテンツ重視**」、さらには「経済活動の有無」などがどれくらい強いかで、「このサービスはメタバース的だ」、「このサービスはあまりメタバースっぽくない」などを**大まかに判断していけば十分**だと思われます。

▲図1.5：
『メタバース さよならアトムの時代』
加藤直人著（集英社、2022）

さらに知りたい方は、クラスター社の社長である加藤直人氏の著書もオススメです（図1.5）。

結局、どのメタバースをやればいいのか？

さて、結局最初はどのメタバースからはじめればいいのでしょうか？

本書のサブタイトルにもなっていますが、やはり**日本人がはじめるならclusterが一番**だと思います。まずはなんといっても**スマホに対応している**というはじめやすさが大きいです。

VRChatはすばらしいサービスですが、英語圏の会社のサービスですから、どうしても英語が付いてまわりますし、日本人はユーザー全体の数%程度。慣れるまでが大変です。Robloxは日本でもサービスがはじまり今後期待が高まりますが、こちらも海外ユーザーが中心ですし、コンテンツも洋風のものが多め。

Meta社のHorizon Worldsは後発でもあり、現時点ではサービスが十分成熟していない印象です。本書執筆時点では、日本での正式サービスもスタートしていません。

またcluster以外の国産メタバースサービスは、配信機能を重視しているなど、clusterと比べて特化型のものが多いように思われます。まずは**多様な部分をカバーしているcluster**から入るのが、メタバース全体を理解する上での手助けになるでしょう。

スマホででき、日本人が多く、日本人好みのワールドが多く、日本人好みのアバターもつくりやすい。できることもかなり多い。clusterからメタバースをはじめるのが一番かと思います。

ここからはいよいよclusterについて解説していきます。

1-2 clusterは国産メタバースのトップ

clusterって?

メタバースといわれるサービスはたくさん出てきていますが、現在**日本発でのトップ**はcluster（クラスター）といってよいでしょう。

公式イベントの数々がそれを物語っています。「**バーチャル渋谷**」「**バーチャル大阪**」など自治体や大企業の関係するワールド・イベントも多くあり、「**ポケモン**」など有名作品や「**横浜DeNAベイスターズ**」などスポーツチームの公式イベントも行われました（図1.6）。

何より、ユーザー自身がつくった**ワールド数はなんと1万個を突破！**　さらに**イベント累計動員数が1000万人を突破している**など、非常に多くの**日本人に支持されているメタバース**がclusterなのです。

©KDDI・au 5G / 渋谷 5G エンターテイメントプロジェクト

▲図1.6：clusterで行われた大型イベントの例（左：バーチャルハマスタ　右：バーチャル渋谷）

どうすればclusterを使えるのか?

clusterをプレイする一番簡単な方法は、**スマホでアプリをダウンロード**することです。iOS（iPhone iPad）やAndroidでプレイできます。

もちろん、**PCやVR専用機器にも対応**しています。特にVRでプレイしたときは、「これが時代の最先端だ！」という感覚を得られるでしょう。

- スマホ（Android、iPhone、iPad）
- パソコン（Windows、Mac）
- VR（パソコン接続、もしくはMeta Quest2単体）

どれでも無料でプレイできるのがclusterの強みです。国外で流行っているメタバースでも、なかなかここまで対応しているものはありません。そしてVR機器がなくても、スマホで十分遊べてしまうので専用機器も必要ありません。

MEMO 数年前に少し流行った、スマホ自体をはめてプレイする簡易VRには対応していないのでご注意ください。VRでclusterをプレイしたい場合は、Meta Quest2が断然オススメです。なお、パソコンとVRをつなぎたい場合はWindowsのパソコンを用意しましょう。

そして、国産。**日本人ユーザーが圧倒的に多いのは、やはり安心感が**ありますよね（図1.7）。

▲**図1.7**：日本語のユーザー名がとても多い。vinsのようにアルファベットの名前でも、日本語で話す人であることがほとんど

1-3 clusterで何ができるのか？

clusterは、**アバター**（3Dのキャラ）で**ワールド**や**イベント**に入って遊ぶのが基本です。

アバター

clusterには最初からシンプルな**アバター**（**3Dキャラ**）がいくつか用意されています。そしてオリジナルキャラを「**アバターメイカー**」でつくることもできます（図1.8）。いくつか手順を踏めば、外部ツールでつくったこだわりのキャラを持ってくることもできます（図1.9）。

▲**図1.8**：clusterの中にあるアバターメイカーで、色々なキャラを作成可能

◀**図1.9**：
VRoid Studioなど外部ツールでつくったアバターをインポートできる。筆者もVRoid Studioをベースにアバターを作成した

ワールド

　ワールドとは3Dでつくられた部屋・建物・町・自然・不思議な空間などのことです。ユーザーが**自分自身でつくり出すことができます**。clusterにはすでに**1万以上のワールド**が存在しています（図1.10）。
　clusterでの活動場所のメインとなるのが、このさまざまなワールドです。ここで**遊んだり交流したり写真・動画を撮ったりして**楽しんでいます。

▲**図1.10**：さまざまなワールド

　そして、clusterには「**ワールドクラフト**」という**初心者向けのワールド作成機能**が備わっており、あなたのセンスで色々なワールドをつくることができます。

本書はさらに「ワールドクラフト」の先、**Unityを使ったワールド作成**をメインテーマにしています！

イベント

　ワールドを使って、交流会・コンサート・DJイベント・トークイベント・勉強会・クイズ大会・劇・地域おこし・飲み会などなどさまざまな**イベント**が日々行われています。

　人が何人か来ているイベント・ワールドはclusterのトップページに表示されるので（図1.11）、**全く知らない人がイベントに来てくれたりします。**

▲**図1.11**：clusterでは人がいるイベント・ワールドがトップページに表示される

　イベントが行われているワールドといっても機能としては通常のワールドで遊ぶのとあまり変わらないのですが、

スタッフやゲスト以外は入れない場所の設定*
マイク権限をスタッフやゲストにだけ渡す機能
主催者への**投げ銭機能**
一度に参加できる人数が多い
▲イベントならではの機能

　このような、通常のワールドにはない機能もあります。

　また、**「イベントを開きます」というほうが、皆が集まりやすい**のもよい点です。clusterのイベント一覧ページにも出ます。clusterには**パソコンの画面をスクリーンに映せる機能**もあり、プレゼンや発表会、勉強会のようなイベントもやりやすいです。

MEMO

*ワールド作成時にUnityで設定をすませておく必要があります。公式のイベント用ワールドでは、最初から舞台にはスタッフ・ゲストしか入れないような設定がされているので、最初はそれを使ってもよいでしょう。

法人がclusterを使うときの注意点

　clusterを使っている会社は多くあります。「バーチャル渋谷」「バーチャル大阪」などをはじめ、日本を代表するような大企業がclusterをすでに利用しています。

　こうしたワールド・イベントは、**各企業が勝手につくるのではなく、クラスター社さんに依頼して費用を払い、クラスター社さんの内部スタッフが作成**する形になっています。

詳しくはこちらのページをご覧ください。
最終的に迷ったら、利用規約をよく読んでくださいね！

法人様向けサービス／クラスター株式会社
https://www.biz.cluster.mu

cluster利用規約
https://cluster.mu/terms

1-4 　clusterのワールドやイベントを紹介

　clusterがどういうものか理解するには、やはり**ワールドやイベントそのものを見るのが一番**でしょう。イベントやワールドをいくつかの種類に分けて紹介してみます（これでもほんの一部です）。

イベントは2022年春頃に行われ終了したものなので、リンクは貼っておりません。また、ワールドも作者の方が非公開としているケースがあります。ご了承ください。

意外と強いDJ系イベント

　clusterをはじめたら一度は体験して欲しいのが**DJ系イベント**です。「音楽を流してるだけでしょ?」と思うかもしれませんが、「**パーティクルライブ(曲に合わせてさまざまな演出が入ります)**」要素も入った**DJ系イベントのインパクトは絶対に体験してもらいたい**ものの一つです。スマホで見ても感動すると思いますが、VRならさらに感動。思わずイベント会場で踊ってしまうかもしれません。

【音楽イベ】OPENTHEWATBOXver3.0 -HARD-
W@(ワット)さん

▲図1.12:つくり込まれたライブ演出と選曲。W@さんのDJイベント、一度は行ってほしい

☆ YSK(犬)第5回感謝祭　〜7月誕生会 at CLUB VOID〜
=(YSK)= さん(※ワールド作成はsakagutiさん。ワールドクラフトにて会場制作)

▲図1.13:「ワールドクラフト」でもスクリーンを並べればDJイベントが可能、衝撃のアイデア

劇やコンサート系イベント

　コロナ禍で音楽イベントに人が集まりにくかったときでも、メタバースでは**「家にいながらみんなでステージに立って、みんなに見てもらう」**ことが気軽にできていたのです。**劇系イベント**や**コンサート系イベント**ではアバターで演技をするので、**リアルの見た目と全く違う姿になることも**簡単。ですからclusterでは歌や楽器のイベントも多くあります。

鶴の恩返し
ぱんだ歌劇団 さん

▲図1.14：誰もが知っている物語も、メタバースの世界では違った演出に…

Dining Bar Andante（ダイニングバーアンダンテ）ミニコンサート
さくら さん

▲図1.15：落ち着いたワールドが会場のミニコンサート。2021年9月〜2022年6月までは毎週日曜日に開催、その後は不定期で開催されるよう

MEMO
2人以上でのリモート演奏イベントを開催する場合に、SYNCROOMなどのソフトの活用で、演奏のタイミングを合わせる（遅延を減らす）ことができます。
（ぱんだ歌劇団座長のききょうぱんださん、さくらさんに教えていただきました）。詳細は右のQRコードよりさくらさんによる解説を参照ください。

つい写真を撮りたくなる、エモい系ワールド

　訪れた人の感情を揺さぶる**エモい系ワールド**もあります。**キラキラした雰囲気**の、ちょっと儚いワールド。はたまた**宇宙や異世界**、普通は行けないような場所がテーマのワールド。そんなワールドを背景に、あなたの分身であるアバターを撮ってSNSに上げる。**「インスタ映え」**のような、でもちょっと違う**フシギなムード**を味わえるはずです。

VR妖精郷と妖精神社の村
アキラックス さん
https://cluster.mu/w/9df35afd-a840-4639-8f7b-de0fe3164f38

 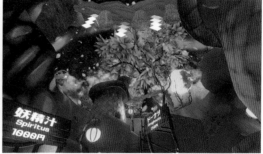

▲**図1.16**：キラキラと光った世界は、どこで写真を撮ってもステキな印象に……

Highland Strawberry Park
高千穂マサキ さん
https://cluster.mu/w/2d2baa76-082a-43ef-8334-4f40ca9d6f84

▲**図1.17**：のどかな風景の中、ポニーで走ったり、イチゴ狩りを楽しんだり

再現系ワールド

　再現系ワールドは現実世界にある場所をそっくりそのままつくり上げたワールドです。**高校や大学の文化祭**で校舎を再現したワールドから、**伝統ある町並み・有名な場所・建物を再現**したワールドまで。プロやセミプロがつくった再現ワールドもあり、まるで**観光に来たような感覚**を味わえますよ！

【バーチャル東大】赤門エリア

東京大学（※制作は学生さんです）

https://cluster.mu/w/32f0f6f4-55da-41b7-8abc-755815d811cf

▲**図1.18**：一度は行ってみたい有名な東大の赤門、他に安田講堂も

川越 小江戸VR

龍 lilea（藤原 龍）さん

https://cluster.mu/w/9a798782-ee0f-4f2a-a6ed-e00cb7844e2b

▲**図1.19**：都会の近くにこんな情緒のある町並みがあったとは、と引き込まれるワールド

ストーリーを感じられるワールド

　clusterのワールドは誰もが好きなように走り回り、見ていくことができます。しかし中には、自由に見ていくうちに**たしかなストーリーが感じられる**ようなワールドもあるのです……。

Lost Aquarium
br さん
https://cluster.mu/w/1fed707b-46ce-42d0-a47a-55e0d2bb76c6

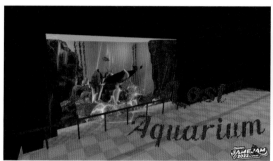

▲図1.20：とにかく水族館が好きな作者の方による、ストーリーも込めてつくられた趣深いワールド

つなぐもの【4/12 ParticleLive追加】
かわしぃ さん
https://cluster.mu/w/42511fa0-4ba1-48d4-9d21-b00328dca96c

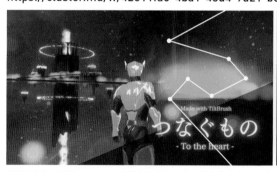

▲図1.21：最初にメッセージが表示され、長い道を歩き上にのぼって行った先には……

展示系ワールド

　博物館や美術館のようなワールドが**展示系ワールド**です。メタバースの展示は**「気軽に行ける」**上に**「VRで見ると大迫力」**という魅力もあります。例えば絵の展示であっても、ネットで画像を見るのとはまた違うイメージを与えてくれます。

福井バーチャル恐竜展 in cluster
VR恐竜シンポジウム さん
https://cluster.mu/w/0a5afb52-83db-4e9d-bec3-62d231110a11

▲図1.22：福井といえば恐竜。古生物の先生たちがつくっていらっしゃるインパクト大のワールド

【Vギャラ#01】京都市芸バーチャル展示スペース #Vギャラ #京芸V展
早蕨わらび さん
https://cluster.mu/w/13bb203a-6e48-4dcf-b00e-a8307234ba08

▲図1.23：京都市立芸術大学の学生さんの作品を展示。「京都市芸」でワールド検索すると、他の展示も

バー・カフェ・居酒屋系ワールド

「**人が集まる**」ことを意識してつくられたのが**バー・カフェ・居酒屋系ワールド**。定期的にイベントが開かれることも多いです。**あちこちから人が集まってきて毎晩のように会話をしていると、それだけで思い入れのある空間になってくるもの……**。

ワールド作者さんが「マスター」「ホスト」「大将」的な役を果たしていることも多いです。

いちこん宇宙カフェ3号店 IchiKonUchuCafe3rd
Ichitaro/いちたろう さん
（背景制作）Ichitaro/いちたろう (https://twitter.com/ichitarok)
https://cluster.mu/w/8042e9c1-0e3e-4e32-b492-36812a849fd4

▲図1.24：いつもにぎわうclusterで最も有名なカフェワールドの1つ

語部居酒屋「夢食感」
hk さん（定期イベント開催：しつじい さん）
https://cluster.mu/w/f3437909-868c-4795-84d5-feba36f871c4

▲図1.25：アットホームな居酒屋系ワールド。作者のhkさんや「店主」のしつじいさん以外が「店員」をしていることも……

ゲーム系ワールド

　シンプルなのに思わずハマってしまうのが**ゲーム系ワールド**。**カジノ系**ワールドから、あちこちをジャンプして進んでいく**アクション系**ワールド、**対戦や協力**ができるワールド、**RPG**っぽいワールドまで。筆者が一番好きなワールドです！

【メダルゲーム追加】WAT'S PLAYGROUND
W@（ワット）さん

https://cluster.mu/w/bb09216b-335f-4f8e-b8db-f37baf527849

▲図1.26：思い切りハマってしまう人が続出したメダルゲームなどのゲームワールド

Cluster RoboFight Arena
Galupeno さん

https://cluster.mu/w/d27bfc18-6b91-4573-b2aa-fecb76b43144

▲図1.27：「これほんとにclusterで動くの!?」とユーザーを驚かせた、本格的ロボット対戦ワールド
　　　（画像提供いただいたつぐみさん、画像推薦いただいたGalupenoさん、ありがとうございます！）

ホラー系ワールド

　ホラー系ワールド、つまりホラー映画のようなワールド。説明は不要でしょう。**VRだと恐怖が倍増**します。

　お化け屋敷を企画するよりも、メタバースでホラー系ワールドをプレイしてもらうほうがより濃厚な恐怖体験を味わってもらえる時代になったのではないでしょうか。

RedSpace

ほびわん さん

https://cluster.mu/w/d068ca39-4314-49e6-9b85-7a716a40edc3

▲図1.28：SF的な雰囲気とホラー感、実は相性抜群……。定番のホラーワールド

ゴースト・スクエア Ghost Square

みずほコリ さん

https://cluster.mu/w/ba957dc4-a3ab-4536-aef0-313ead4e6891

▲図1.29：見知らぬ部屋から始まり、進むごとに少しずつ不穏なムードが

　ここに挙げたものはclusterに1万以上あるワールド・イベントの一部です。

　ぜひあなた自身でclusterのワールドやイベントを探し出してみてください。そして**あなた自身の手で、つくってみてください！**

1-5 clusterで使われているアバターの紹介

clusterの楽しいポイントの1つ。
自分の分身となる、アバターづくりを紹介していきます。

　clusterでは、定期的に行われる「**アバターマーケット**」などでユーザーのつくったアバターの販売が行われています[*]。

　ここでは、2022年春に行われたアバターマーケットの中からアバターを少し紹介します。

カワイイ系アバターからかっこいい系、スライムに機関車アバターまで!?
（しかもこの機関車、ユーザーのアイコンによって色が変わるんです！）

ミニキャラや動物アバターもなかなか

そして屋台にバイクに「工事中」!?

CHAPTER

02 cluster利用入門

cluster利用入門

clusterで**ワールド**をつくる前に、clusterをフツーに使ってみましょう。**アバター**をつくったり人と交流したり**ワールド**に行ったりすることで、メタバースの世界を理解できるはずです。**イベント**や**VR**の説明もしています。

2-1 clusterをはじめる

　clusterは**スマホでもPCでも**はじめられます（図2.1）。ワールドをつくっていく場合はPC（デスクトップ）版でログインしたほうがよいと思いますが、最初試すときはスマホ（モバイル）版のほうがラク。どちらでも、好きなほうを選んでください。

　以降、PC（デスクトップ）版をPC（版）、スマホ（モバイル）版をスマホ（版）と表記します。

> **MEMO**
>
> どちらで登録しても、**PC・スマホの両方でログイン可能**です。ただワールドをつくるときはもう1つ「サブアカウント」があると多人数プレイのテストに便利なので、**PCとスマホで1つずつアカウントをつくる**といいかもしれません。

▲**図2.1**：スマホでもプレイ可能

プレイに必要な性能（スペック）は？

PCの場合

2017年以降発売のメモリ8GB以上のデスクトップPC。もしくは、2019年以降発売のメモリ8GB以上のノートPCであれば、これでだいたいいけるでしょう。それより前に発売されたPCであっても、メモリが8GB以上なら一度clusterをインストールして試してみてください。**無料なのでとにかく試すのが一番**です。

 MEMO ただしUnityのワールド作成に挑戦するときは、もっと高スペックのPCのほうがよいかもしれません。特にメモリは16GBあると安心です。

スマホ版の場合

iPhone11以降、iPhone SE2以降。そしてAndroidなら、Google Pixel4以降など（国産だと2019年以降のAndroidスマホ）であれば、ある程度快適に動く可能性が高いと思われます。アプリは無料なので、自信がなくてもとにかく一度お試しください。

詳細はcluster公式サイトに記載があります（図2.2、図2.3）。

▲図2.2：cluster公式「最低動作環境について」

▲図2.3：cluster公式「推奨スペック」

スマホではじめる

（図2.4）のQRコードからアクセスしてください。

▲図2.4：ダウンロードページ
（https://cluster.mu/downloads）

iOS 14 以上

Android 9.0 以上

▲図2.5：iOS用とAndroid用がある

あとは**App Store（iOS）**か**Google Play（Android）**かを選び、普通のアプリと同じようにインストールして起動します（図2.5）。

アプリを起動し、登録を進める

アプリを起動したら、「**はじめる**」をタップします（図2.6❶）。そして好きな名前を入力しましょう❷❸。アイコン画像の登録もします❹❺。

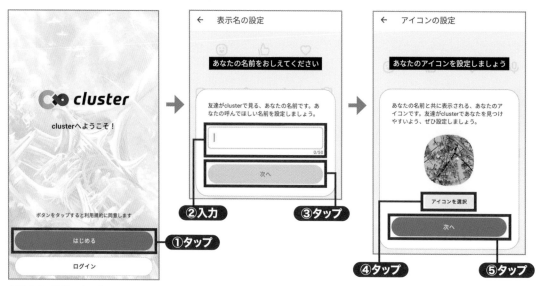

▲**図2.6**：登録はカンタン

 MEMO アイコンに普通にスマホで撮った写真などを使おうとすると、「サイズが大きすぎます」のエラーが出ることもあります。そういう場合はスマホのアプリで画像を小さくするなどしてください。

アカウントの連携画面に来たら「次へ」をタップします（図2.7❶）。**Twitter・Facebook・Google・Apple**のどれかのIDと連携させて登録を進めてください❷。

▶**図2.7**：画像はAndroidの例。iOSであれば、GoogleのかわりにAppleが表示される

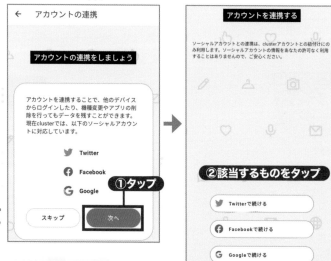

MEMO メールアドレスだけでの登録はできません。かつてはできたようですが、いまはなくなっています。とはいえTwitterやFacebookをやっていなくても、**Androidスマホなら Googleのアカウントが、iPhoneなら Appleのアカウントがあるのでそちらを利用してください。**

　これでアカウント登録は完了、簡単ですね。もし「clusterに○○を許可しますか？」のような画面が出た場合、「許可する」をタップしてください。

PCではじめる

　Yahoo! JAPANやGoogleで「cluster」と検索するか、ブラウザのアドレスバーにcluster.mu を直接入力してください（図2.8❶）。ページを表示できたら、右上の「ログイン/新規登録」をクリックします❷。すると「**アカウントの新規作成/ログイン**」が表示されるので、ID連携させたいものを1つ選んでください❸。

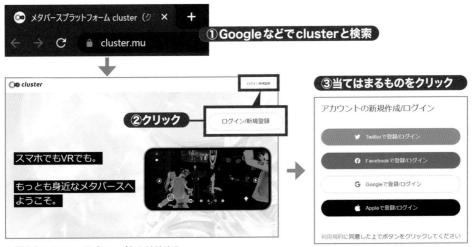

▲図2.8：cluster公式ページからはじめる

　それから、それぞれTwitterやAppleなどのIDと連携させる操作を行います（図2.9❶❷❸）。IDと表示名（アバターの上に表示される名前）を決めます。**アイコンが用意できた人は、それも登録**しておきましょう。なお、先にアプリで登録した場合は、この画面が表示されません。

▶図2.9：名前・ID・アイコンを決める

ダウンロード・インストール

　もう一度clusterトップページを表示しましょう。そして左のほうにある「**ダウンロード**」をクリックします（図2.10❶）。ダウンロードページが出たら、使っているPCの種類（WindowsかMacか）**にあわせて**クリックしてください❷。

▲**図2.10**：clusterトップページとダウンロードページ

　あとはダウンロードされたファイルを実行し、インストールを終わらせるだけです。「**インストール**」「**OK**」「**次へ**」などをクリックしていくだけで問題ありません。「利用する言語」には**日本語**を選びましょう。

 MEMO　Macでインストールに失敗する場合（特にM1チップのものを利用の方）は、（図2.11）のQRコードからcluster公式の情報をチェックされることをオススメします。

▶**図2.11**：クラスター社公式サイト「Macでインストールができない場合」

cluster を起動する

インストールの最後に、「**cluster を実行する**」にチェックが入っていれば勝手に起動してくれます（図2.12）。2回目以降は、Windows なら「スタート」ボタンから cluster のアプリを起動します。

cluster セットアップウィザードの完了

ご使用のコンピューターに **cluster** がセットアップされました。アプリケーションを実行するにはインストールされたショートカットを選択してください。

セットアップを終了するには「完了」をクリックしてください。

☑ **cluster** を実行する

▲**図2.12**：セットアップの最後の画面（Windows版）

あとは「**ログイン**」をクリックし、さきほど選んだ SNS と同じ SNS で認証させます（図2.13 ❶❷）。これで cluster のアカウント設定・ログインも完了です。

▲**図2.13**：PC で cluster を起動したところ

2-2 | インストールが済んだら

メールアドレスの登録

これでもうclusterをプレイできますが、**ワールドのアップロードなどはメールアドレスを登録しておかないとできません。**いまのうちにすませてしまいましょう。

clusterの公式サイトにアクセスし、上部の「アカウントページより認証を行ってください。」のリンク、もしくは右上のプロフィールアイコンから「アカウント設定」をクリックします（図2.14❶）。出てきた画面でメールアドレスの「**編集**」をクリック❷。つづけてメールアドレスを入力してから「**保存**」をクリックしてください❸❹。

▲**図2.14**：メールアドレスを登録する

あとは認証メールが送られてくるので、その**メール内のリンクをクリックすれば認証完了**です。もし連携したアカウントへのログインを求められた場合は、【2-1　clusterをはじめる】で連携したアカウントにログインしてください。

046

2-3 まずはホームで遊んでみよう

　ここでは、PCとスマホでプレイする方法を説明していきます。VRでプレイしたい方も、まずはPCかスマホでclusterに慣れてから【2-16　VR（Meta Quest2）でプレイしてみよう】を見るのがオススメです。

アプリ起動の直後

　最初にPC版clusterのアプリを起動すると、アバター選びの画面になります（図2.15）。**とりあえず用意されたものから1つ選びましょう**（もちろんアバターは好きなときにあとから変えられます）。**アバターを選んだら「Desktopで入る」をクリックします。**

このアバターで参加します
利用できるアバターが表示されています

▲図2.15：最初からいくつかアバターが用意されている

MEMO

この画面（図2.15）が表示されず、「ホームへ入る」という画面が出ることもあります。その場合は先に「ホームへ入る」ボタンをクリックしてください。

　スマホ版のclusterのアプリから起動すると**初回は「アバターメイカー」が自動で起動することがあります。**アバターメイカーが出た場合は先に【2-4　アバターをつくってみよう】を見てアバターを作成してみてください（図2.16）。

▲図2.16：「アバターメイカー」が起動した場合の画面

初回は自動的にホームへ移動しますが、2回目からは、PC版では「ホームへ入る」ボタンが出ます。スマホ版は画面の上にある「ホーム」をタップしてホームへ移動します（図2.17）。

▲**図2.17**：ホームへの入り方（スマホ版・PC版）

基本移動

「ホーム」が表示されたでしょうか。ここは**あなただけがいる場所**です。ですから、**落ち着いてゆっくりと操作をおぼえていきましょう**。ボタンがたくさんあっても、あせらなくて大丈夫。**基本はとってもカンタン**です。

PC（デスクトップ）版での操作方法

移動方法は← →↑↓**の方向キー**か、「**WASD**」キーです＊。視点を動かすには**右ドラッグ**（マウスの右ボタンを押しながらマウスを動かします）（図2.18）。あとは、[**Space**] キーのジャンプもいちおう練習しておきましょう。

 MEMO ＊PCゲームでは定番のキャラクター操作ですね。キーボードのW・A・S・Dを見れば「ああ！」とすぐ意味がわかりますよ。

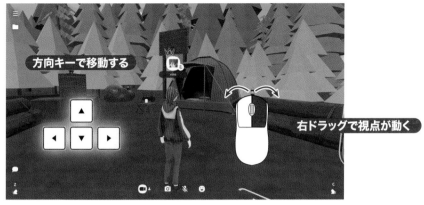

▲**図2.18**：移動と視点移動にしっかり慣れておく

スマホ版での操作方法

　左下にある○が「**ジョイス
ティック**」です（図2.19）。こ
こをスライドさせると移動で
きます。視点を変えるには、何
もない中央のあたりに指を置
き、向きたいほうにスライド
させてください。ジャンプは
右下の↑マークです。

▶**図2.19**：スマホ版の操作方法

ズームイン・ズームアウト

ズームイン・ズームアウトはズームで見たいときや、逆にもっと広いところを見たいときの操作です。

PC	マウス中央の「ホイール」を前後させる
スマホ	ピンチイン・アウト（2本の指で広げたり縮めたりします）

▲ ズームイン・ズームアウトの操作

　これでズームイン・ズームアウトができます。

練習しましょう

　さあ、思いどおりに動けましたか？　ゲームをあまりしない方には結構大変かもしれません。まずは
ホームを走り回ったり視点をグルグル回したりして、**移動にしっかり慣れてください**。

2-4 アバターをつくってみよう

clusterには**アバターメイカー**という、clusterのアプリ内で使えるツールがホームに置いてあります。外部ツールでつくるよりカンタンなので、これで**あなたのアバターをつくってみましょう。**

アバターメイカーを起動する

スマホ版の**初回起動時は自動でアバターメイカーが起動する**ようです。そうでない場合はボタンを押してアバターメイカーを起動しましょう。

アバターメイカーを使うときは、**まず立つ位置を「PLEASE, STAND HERE.」と書かれたマークにそろえましょう**（図2.20❶）。ここからズレると、作成中にアバターが見づらくなることがあります。

では、「アバター作成」というボタンを押してください❷。すぐにアバターづくりがはじまります。

▲**図2.20**：アバターメイカーを使うときはここに立つ

素体（カラダ）を選ぶ

ここからはPC版で説明していきますが、スマホ版でもほとんど変わりません。「クリック」を「タップ」だと考えてください。まずは素体、つまりカラダを選びましょう。

一番右上の、人が並んだボタン（これが素体です）を押してください（図2.21❶）。あとは下に出てくるボタンから選び、「変更」を押すだけです❷❸。女性のアバターか男性のアバターか、現在のあなたの性別を気にする必要はありません。

▲**図2.21**：男性・女性の2つの素体（カラダ）が用意されている

さらに、左下のボタンを押すと**肌の色や体型の細かい設定**を表示することもできます（図2.22**①**
②）。極端な体型のキャラをつくることも可能です。

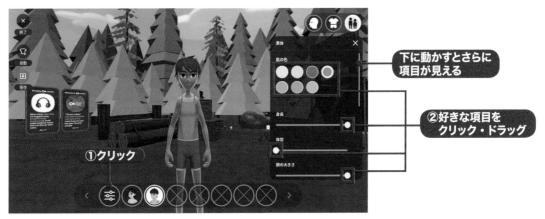

▲**図2.22**：ものすごく細いキャラになった例

髪と顔のパーツを選ぶ

では、髪と顔を選んでいきましょう。右上の顔のボタンを押します（図2.23**①**）。操作は、ただパー
ツを好きに選んでいくだけです。「髪」「目」などのボタンを押してから**②**、出てくるパーツを選びま
しょう**③**。パーツによっては髪の色や顔の形、目やマユ毛などを変化させることもできます**④**。

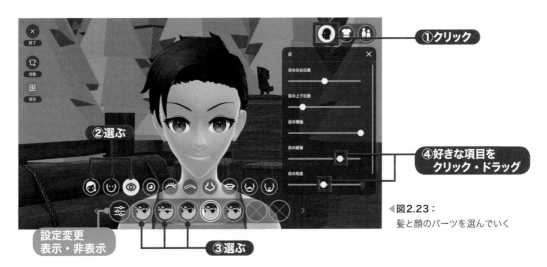

◀**図2.23**：
髪と顔のパーツを選んでいく

✎ **MEMO**　　左下の三本線に○が付いたボタンは、「設定変更ウィンドウの表示・非表示切りか
え」です。**④**の部分が表示されていないときはここを押してください。対応してい
るパーツなら、**④**のウィンドウが出ます。

また、アバターメイカー操作中でも**視点を変えたり、ズームイン・アウトしたりすることが可能**です。色々な向きから見て、あなたの好みのアバターになっているかチェックしてください。

服と靴を選ぶ

こちらの設定も髪・顔とあまり変わりません。上半身・下半身・靴と分かれたボタンを押してから好きなものを選んでください（図2.24**❶❷❸**）。**左右ボタンを押すと色々な服・靴が表示されます。**

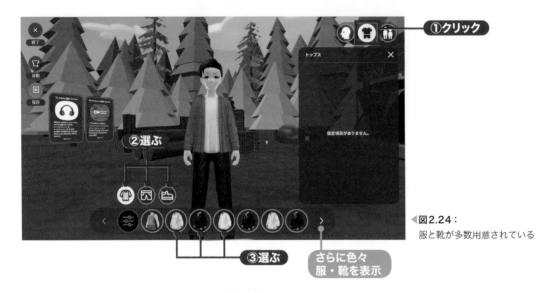

◀図2.24：
服と靴が多数用意されている

自動選択

左上の「**自動**」ボタンを押すと、髪や服などがランダムで選ばれます（図2.25）。アイデアが思いつかない場合はこのボタンを使ってみるとよいかもしれません。ただし顔のメインのパーツは変わりません。

▲図2.25：特にデザインが思いつかないときには「自動」ボタンを利用しよう

アバターを保存する

　つくったアバターは保存しなければ使えません。保存するには、左側にある「保存」ボタンを押してから「保存して終了」を選んでください（図2.26❶❷）。するとアバターメイカーが終了し、つくったアバターで走り回ることができます（**先にアバターをつくった場合**は、【2-3　まずはホームで遊んでみよう】に戻って**動きの確認**をしてください）。

▲**図2.26**：保存を忘れずにしておく

 MEMO　2022年10月現在、アバターメイカーで保存できるアバターは**1ユーザーにつき1つのみ**です。新しいものをつくるときは元のアバターに上書きすることになります。

より自由にアバターをつくりたい場合は？

　より自由度の高いアバターをつくってみたい人は、「VRoid Studio」というソフトを使ってみてください。また、clusterは**REALITY**というサービスとの連携にも対応しています（図2.27）。アバターメイカーとまた違う雰囲気のアバターがつくれます。

▲**図2.27**：cluster公式サイト「REALITY 連携について」

 MEMO　アバターメイカー自体もパーツがどんどん増えてきており、この本が出る頃には選択の幅がさらに増しているはずです。

2-5 交流のための操作に慣れよう

　clusterは動きまわるだけのアプリではありません。せっかくアバターもつくれたことですし、他の人と交流する操作に慣れておきましょう。1人しかいないホームなら、ちょっと失敗しても全く問題ありませんからね。

エモートを出してみよう

　clusterは交流することが楽しいアプリ。その一番の基本は「**エモート**」です（図2.28）。

▲**図2.28**：色々なエモートの例

　真ん中下あたりの、顔ボタンを押してください。色々なボタンが出てきましたね（図2.29 ❶）。マークを押すと、**アバターが動き音が出て頭の上にマークが出たはずです❷**。特に「**いいね！**」「**パチパチ**」「**応援**」などは使いやすいですよ。

　これによって、感情を他のプレイヤーに伝えられるわけです。エモートの種類は本書が出る頃にはさらに増え、そのうちユーザーがつくることもできるようになる予定とのことです。

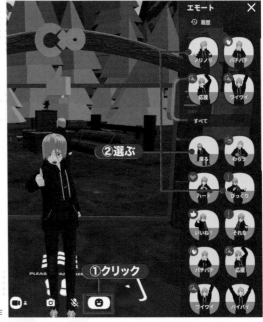

▶**図2.29**：エモートの操作

写真を撮ってみよう

clusterでは色々なワールドに行くことができます。そこで写真を撮って、**友達や家族に見せたり、TwitterやFacebookやInstagramなどSNSに出したり**してみましょう。

まず、真ん中下あたりのカメラボタンを押してください（図2.30❶）。するとカメラモードになります。あとは右あたりに出てくる白丸のシャッターボタンを押せば、それだけで写真撮影ができます❷。

▲**図2.30**：写真を撮るのはメタバースの大きな楽しみの1つ

▲**図2.31**：横向き・ズームで撮った例

MEMO

正面向き以外の写真もいいですよ。視点を上手く変えてみましょう。横を向いた写真などもかっこいいです（図2.31）。

写真を撮れましたね。アカウント登録のときにTwitterと連携していれば、すぐにTwitterを起動できるボタンも表示されます。つづけて、「自撮り」をしてみましょう。上のほうにあるスイッチをONにすれば、「自撮り」ができます（図2.32❶）。正面を向いた写真になります。このとき、「ネームプレート」をOFFにすれば名前やアイコンなどを消すこともできます❷。

また、「もっとズームしたい」「もっと引いて撮りたい」というときは右の表の通りに操作してください。

最後に、**カメラモードを終わりにするときは**画面下の**カメラボタンをもう一度押します。**

▲**図2.32**：鏡がないところでは自撮りを上手く使おう

パソコン	右のバー上の○をドラッグして上下に動かす
スマホ	ピンチイン・アウト（2本の指で広げたり縮めたり）する

▲ 自撮り時のズームイン・ズームアウト

一人称・三人称を切りかえよう

初心者のうちはフツーの「**三人称**」視点で問題ないと思いますが、**ゲームワールドなどは「一人称」視点のほうがプレイしやすいこと**もあります。

カメラの左、ムービーカメラマークのボタンを押しましょう。するとあなたのアバターが見えなくなったはずです（図2.33）。これが「**一人称**」視点ですね。もう一度同じ位置のボタンを押すと、「**三人称**」視点に戻ります。好みで使い分けてください。

▲**図2.33**：一人称視点ではあなたのアバターが見えなくなる

MEMO　思いっきりズームイン・ズームアウトをすることでも、一人称・三人称を切り替えられます。こちらのほうが操作しやすいことも多いです。

モノを持って、使ってみよう

ホームには色々なアイテムが置いてあり、「**つかむ**」ことができるものもあります。まずはラケットをつかんでみましょう（図2.34）。**PCならマウスでクリックすると持てます**（左クリックなら左手、右クリックなら右手）。**スマホなら指でアイテムそのものをタップすれば**持てます。

なお持てるアイテムは、基本的に灰色のワクが付いて見えます。PCでは近づいてマウスカーソルを当てると、水色の色つきのワクに変化します。

▲**図2.34**：ラケット。HOMEスタート位置の真後ろに進んでいくとある

 MEMO　**結構近づかないと持てないです**。持てなかったら、上手く移動したり向きを変えたりして試してください。

さあ、持てましたか？　では、**PCならクリック**してください。**スマホなら、右か左に出ているボタンをタップしてください**（図2.35）。シャトルが出てきたはずです。

▲**図2.35**：ラケットからバドミントンのシャトルが。なお、右手で持ったときと左手で持ったときで、操作は変わる（左PC版、右スマホ版）

 POINT　スマホでは、**持った手によってボタンの出てくる位置が変わります**。画面の右側でタップすれば右手になるようです。（図2.35右）は右手で持っているときの表示です。

またアイテムを持った状態で、PCなら [Q]（左手用）か [E]（右手用）を、スマホなら右か左に出ているボタンをタップすると**アイテムをその場に捨てます**（図2.36）。これもおぼえておきましょう。

▲**図2.36**：ラケットの捨て方（左PC版、右スマホ版）

コメント（チャット）を打ってみよう

　ホームには誰もいませんが、コメント（**チャット**）の練習をいまのうちにしておくとよいでしょう。左下にある**フキダシのボタン**を押してください（図2.37❶）。コメント画面が広がります。そしてコメントの下のほうをマウスや指で選択し、テキストを入力して❷、紙飛行機型の三角形のボタンを押すとコメントが送られます❸。

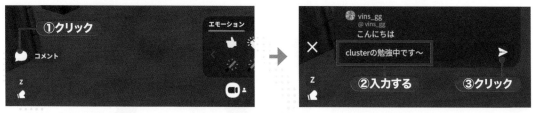

▲**図2.37**：チャット画面

　マイクをいきなり使うより、まずコメントに慣れて雰囲気がわかってきてからマイクに挑戦してみるとよいでしょう。

 MEMO マイクが使えない「**イベント**」の一般参加者のときも、コメントは使えるので感想や応援や質問に利用しましょう。

準備はOK？

　さて、移動して体の向きを変えて、エモートを出して、モノをつかんで離して、コメントして、写真を撮って、このあたり、できるようになりましたか？　では、次は**ロビー**に行ってみましょう。

2-6 ロビーに行ってみよう

　ホームには「**ロビー**」というところにつながる
ゲートが用意されています（図2.38）。ここは多く
の人が集まるclusterの公式ワールドで、**スタッ
フさんと会えることも**あります。**交流の練習にも
ちょうどいい**ので、基本操作をおぼえたらロビー
に行ってみましょう。

　画像に出ている青い丸に近寄ると、丸が大きく
なります。そのまま丸のほうに進むと、ロビーに
ワープします。

▲**図2.38**：ここに入れば、ロビーにワープする

ロビーが重いと思ったら？

　さて、ロビーに入るとなぜかエレベーターの中です（図2.39）。特にボタンを押す必要はありません、
ドアに向かって前に進むだけでいいです。

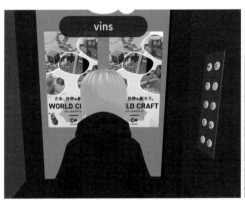

▲**図2.39**：ロビーの入り口と、ロビーの様子

　すると、いよいよロビーが表示されますが……ちょっと動いただけでも**「画面がカクカクする、重す
ぎる」**と感じた場合、**【2-7　設定を変えてみよう】を先に**読んで、動作を軽くするための設定を試して
みてください。

MEMO

> ホームと違って、**ロビーにはたくさん他のプレイヤー**がいます。このアバター表示
> によって、PCやスマホの処理が間に合わなくなることもあるのです。**設定を変え
> ることで、アバターの表示を軽量化できます。**

ロビーを歩いてみる

では、ロビーを歩きまわってみましょう。エモートの出し方、おぼえていますか？　まずは**エモートを出すところからやってみるとよいでしょう。**

https://twitter.com/cluster_jp/status/1470226974731812869

▲**図2.40**：左は、clusterさんの公式4コママンガより

（図2.40右）に出ているのはclusterのスタッフです。蝶ネクタイが特徴です。チャットで「クラスターはじめました」といってみたらきっと反応してくれますよ。

▲**図2.41**：ロビーはなかなか広い

面白いアバターを見かけたら「すごいアバターですね！」なんてチャットに書いてみるのもいいかもしれません。**あちこち歩きまわりながら、まずはclusterでどんな感じの交流が行われているのか見てみるとよいでしょう。**

ホームに戻ることも可能

　ちょっと操作の確認に戻りたい、アバターメイカーでアバターを修正したい、そんなときは**ホームに戻る**ことも可能です。画面左上の「**三本線（メニュー）ボタン**」を押して（図2.42 ❶）、「ホーム」を押しましょう❷。1人で落ち着いてプレイできるホームに戻れます。

▲**図2.42**：いつでもホームに戻れる

この「**三本線（メニュー）ボタン**」は非常によく使うのでおぼえておきましょう。よくスマホアプリでも見かけるボタンですよね。今後は**≡ボタン**と書いていきます。さらに、このボタンを押すと下のほうに「退出」ボタンも出てきます。「スマホでログインしていたが、今度はPCでログインしたい……」というようなときには一度「退出」しましょう。

2-7 設定を変えてみよう

　ホームと違い、ロビーには他のユーザーもたくさんいます。画面内にたくさんのアバターが表示されるときなどのために、**設定変更の方法**をおぼえておきましょう。

　画面左上の「**≡ボタン**」を押し（図2.43❶）、「設定」を選びます❷。

▲**図2.43**：≡ボタンはとてもよく使う

> **MEMO**
>
> 【2-6　ロビーに行ってみよう】の最後にも書きましたが、今後「**≡ボタン**」といった場合は画面左上のメニューボタンのことだと思ってください。

アバターの表示画質を変えてみよう

　最初におぼえておきたいのは、**アバターの表示画質の変更**です。かなり「重い」複雑なアバターを使っているユーザーもいますから、**PCやスマホの性能によっては動きがカクカク**になり、最悪アプリが落ちてしまうことまであります。ですから、アバターの表示画質を変える方法をおぼえておきましょう。

　「**グラフィック**」を選び、画質を変更します（図2.44❶❷）。

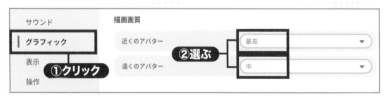

▲**図2.44**：アバターの画質を調整できる

近くのアバター	中
遠くのアバター	低

▲ 標準設定で重く感じる場合のグラフィック設定例

　これくらいの設定にしておくと最初のうちは安心です。それでも重すぎる場合は、どちらも「低」にしてみましょう。ただ**「低」にまですると、他のユーザーさんが使っているアバターの見た目がだいぶ変わることもあります。**やはり「近くのアバター」だけでも「高」以上の設定にしておいたほうが、clusterらしい色々なアバターの存在を楽しめます。

　とはいえスペックの問題は仕方ありませんから、**カクカクして困る人は設定を「中」や「低」にして対応**しましょう。

音量を調整してみよう

　ボイスの音量が大きすぎる人や小さすぎる人がいる、BGMが大きすぎるワールドがある、そんなときは「**サウンド**」から音量を変えていきましょう（図2.45❶❷）。

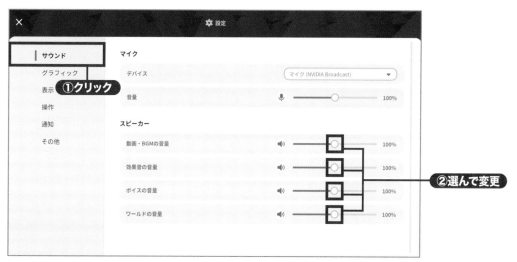

▲**図2.45**：サウンドの設定画面

　なお、「動画・BGMの音量」というのは「スクリーン」で流されている音量です。詳しくは【2-13　スクリーンにファイルや画面を表示しよう】で説明しますが、**BGMが大きすぎると感じたら「動画・BGMの音量」「ワールドの音量」の両方を下げると**よいです。「**効果音の音量**」はエモートやVアイテム（イベントの際の投げ銭のような機能）を出したときの音などですね。

　この節で説明したもの以外の設定は割とわかりやすいですし、知らなくてもなんとかなります。**必要になってから調整を行っても構いません。**

2-8 ちょっと交流したらフレンド申請も

　ロビーで色々な人とエモートやコメントを交わしている間に、ちょっと仲よくなることもあるでしょう。そういうときは「**フレンド申請**」をしてもいいかもしれません。

フレンド申請のやり方

　ロビーなどで出会って、仲よくなった人のアバターの頭上にある「アイコン」を押すと（図2.46❶）、このようにプロフィールが表示され、「**フレンド申請**」のボタンが出てきます❷。

▲**図2.46**：アイコンをクリックしてフレンド申請

　逆にフレンド申請を受けることもあるはずです。≡**ボタン**から「**フレンド**」を押し、「**リクエスト**」から「**承認**」を押せばすぐフレンドになれます（図2.47❶❷❸）。

▲**図2.47**：フレンド承認の方法

MEMO　とはいえ、いちおう「エモートを交わし合った」「チャットを交わした」くらいの交流があった後でフレンド「承認」するほうがいいかもしれません。

フレンドになると何ができる？

　フレンドができたら、「**フレンド**」の「**オンライン**」のところを見てみましょう。いまclusterで遊んでいるフレンドが**どのワールドにいるかわかります**（図2.48）。なお、「すべてのフレンド」を選んだ場合は、clusterにいまいない人も表示されます。

▲図2.48：フレンドがどこにいるかわかる

　特にカフェやバーなど交流系のワールドにフレンドがいることがわかったら、「**参加**」ボタンを押して、そのワールドに自分も行ってみるのがよいでしょう。逆に「いまいるワールドに来て！」と「**招待**」を送ることもできますが、これは状況を選んで使ったほうがいいかもしれません。

 MEMO　その他、手紙のボタンを押すと「**メッセージ**」を送ることもできます。何か連絡があるときなどにどうぞ。

検索からフレンドを追加する

　「Twitterで○○さんのclusterIDを見つけたから追加したい！」などの場合は「**フレンドを追加**」からユーザーIDの検索をすることも可能です（図2.49❶❷❸）。

◀図2.49：
相手のIDがわかっている場合は検索

2-9 困ったときは

TwitterなどのSNSをやっている方はわかると思いますが、たくさんの人が出入りする場所には**「あなたに合わない」ユーザーも当然います***。距離を取るだけで済めばよいですが、困ったときはcluster の用意している「**ミュート**」「**ブロック**」などの機能を使ってみるとよいでしょう。少なくとも、事前にこの機能の使い方をおぼえておくだけでずいぶん気持ちがラクになります。

また、**ロビーにはclusterのスタッフ**がいることが多いです。特にロビーでトラブルがあった場合など、相談してみるとよいでしょう。

> **MEMO**
>
> *そんなに多いわけではないですが、不愉快な内容のチャット、何かの勧誘、ハウリングを起こしたマイクでしゃべっている人、過激なアバターでの露出、つきまとい行為……などをときどき見かけます。さらに「異常に巨大なアバターで視界をふさぐ」など、**リアル世界ではなかなかない迷惑行為**もメタバースの世界にはあるのです……。

ミュートする

困ったユーザーのアイコンをクリックすると（図2.50❶）、このような表示が出てくるので右上の3点ボタンを押し❷、「ミュート」を押します❸。そうすると、その人のマイクの音が聞こえなくなります。

▲図2.50：
ミュートすると相手が
見えなくなる

ブロックする

さらに困った状態の場合は、同じ画面にある**「ブロック」**をしても構いません（図2.50）。ブロックの場合、相手とフレンドであってもそれが解除され、お互いのアバターやチャットが見えなくなります。

> **MEMO**
>
> ミュート・ブロックは≡**ボタン**から行ける「**フレンドリスト**」から行うこともできます。フレンドをブロックするのは、あまり起きて欲しくない状況ですが……。

ブロック解除する

ミス操作でブロックしてしまった場合は、解除を行いましょう。

PCの場合

cluster公式サイトにアクセスし、右上のアイコンをクリックして「**プライバシーと安全**」をクリックすると「**ブロックしたユーザーの管理**」というボタンがあります（図2.51❶❷❸❹）。

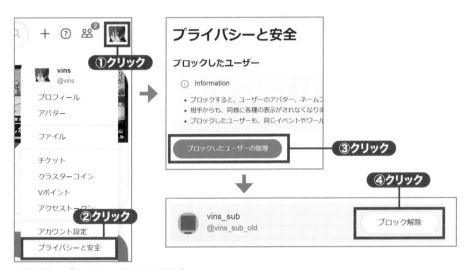

▲**図2.51**：ブロックミスをしたときも安心

スマホ版の場合

アプリを起動した直後の画面の左上にあるアイコンをタップし、「**設定とプライバシー**」→「**ブロックしたユーザー**」から行えます（図2.52❶❷❸）。

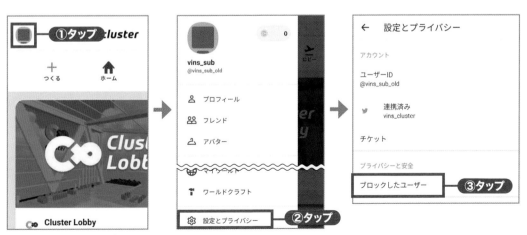

▲**図2.52**：スマホ版でブロックを解除する方法

2-10 色々なワールドに行ってみよう

ロビーは人が多いですが、中身は結構シンプルです。やはりclusterを楽しむなら色々なワールドに行ってこそです。

アプリの「探索」やWebのトップから行く

≡ボタン→「探索」を押すと、色々なワールドが出てきます（図2.53❶❷）。興味のあるワールドを選びましょう。

▶図2.53：
「探索」を押したときの画面

MEMO

スマホ（モバイル）版は、アプリを立ち上げたときの最初の画面にも色々なワールドが出てきます。

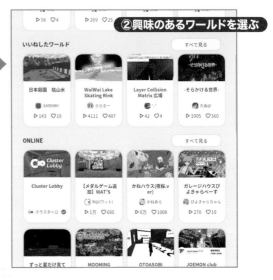

ONLINE（オンライン）というところには、いま実際に人がいるワールド・イベントが表示されています。人気があるワールドが多いですし、交流してみたい方はここから行くのがオススメです。

clusterのトップページからも、色々なワールドを見ることができます（図2.54）。

トップページから見つけたワールドで「会場に入る」「遊びに行く」などのボタンを押すと、clusterを起動させてそのままワールドに入れますよ。

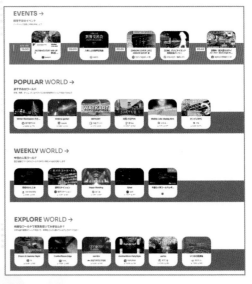

▶図2.54：
clusterのトップページにあるさまざまなワールド

検索

特に目当てのワールドがある場合は**「検索」**から行くのもよいでしょう。**≡ボタン**から**「探索」**を押し、**「検索」**を選ぶと検索画面が出てきます。好きなキーワードを入れて**「検索」**ボタンを押しましょう（図2.55❶❷❸）。「森」「海」「花火」「車」「桜」などのキーワードを入れて、色々なワールドに行くのもいいですね。

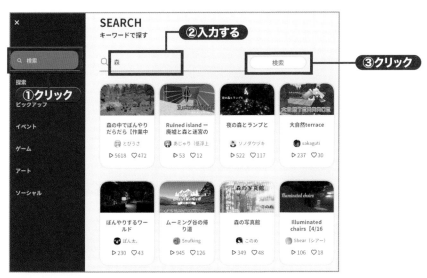

▲**図2.55**：検索を使えば色々なワールドが出てくる

2-11 マイクでしゃべってみよう

マイクで話すのはclusterの基本機能ではありますが、**初心者が使うと失敗につながることもあり**ます。ですから色々なワールドをめぐるなどして、**操作に慣れてから行うのがオススメです。**

スピーカーは使わない

まずマイクをONにする前に、**イヤホン・ヘッドホン・ヘッドセットなどを必ず付けてください**（図2.56）。普通にスピーカーで音を出すと、その音をマイクが拾って「ループバック（次ページのMEMOも参照）」してしまいます。

▶**図2.56**：スマホではこんな警告メッセージも出る

マイクをONにする

では、マイクONのボタンを押しましょう。画面の下にあるマイクボタンを押すとマイクをONにできます（図2.57）。

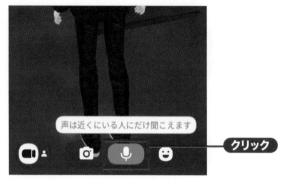

▲図2.57：マイクボタンを押すだけ

しゃべっている間はマイクアイコンの色が変わりますし、ミュートのまましゃべっているとメッセージが出るので、すぐに気付けます（図2.58）。

なお、もう一度マイクのボタンを押すとOFFになります。周りの人に「ノイズが大きいです」「ループバックしています」などといわれたとき、すぐに**マイクを切れるように準備しておきましょう**。しゃべり終わるたびにマイクをOFFにするのも確実でいいですね。

▲図2.58：しゃべっているときはアイコンの色が変わる

2-12 イベントに行ってみよう

ここまで「**ワールド**」に行く方法を説明してきました。ここでは「**イベント**」に行く方法を説明します（図2.59）。

◀図2.59：
cluster公式サイトの左にある「イベント」から一覧を確認できる

「**イベント**」でもプレイ方法は基本的に変わらないのですが、いくつか違う点もあることはおぼえておくとよいでしょう。

ゴーストについて

イベントは、**同時参加できる人数がワールドと比べて多い**です（2022年10月現在で100人）。ただ、その人数もオーバーしてから入ろうとするとあなたは「**ゴースト**」になります。「ゴースト」は、自分視点ではイベントが普通に見えていますが、他の参加者からはあなたが見えていない状態です。

また、アイテムが置いてあるワールドが会場の場合も、「ゴースト」はアイテムを使ったりつかんだりできなくなります。

自分が「ゴースト」かどうかは、**≡ボタンを押すとわかります**（図2.60）。この場合、「**一般参加者**」と出ているのでOKですね。しかし「**一般参加者（ゴースト）**」と出ていたら、残念ながら他の参加者からあなたの姿は見えません……。

▶図2.60：
「一般参加者」ならOK、しかし……

MEMO

ただゴーストでも、写真を撮ればいっしょに参加してきた感覚は強いですよ。

スタッフ・ゲスト・一般参加者について

イベントでは、3種類のユーザーがいます。

スタッフ	主催者など
ゲスト	主催者に呼ばれて来た人 一時的にマイク権をもらった人など
一般参加者	それ以外。人数が多くなりすぎると「ゴースト」になる

▲ イベントでのユーザーの種類

一般参加者は、スタッフ・ゲスト**専用エリアには入れません**。見えない壁にぶつかります。また、通常はマイクでしゃべることもできません*。スクリーンに画像などを出すこともできません。文字通り、フツーの参加者なわけですね。

（写真提供）VulpeSさん
▲**図2.61**：「ゆるゆる勉強会」の集合写真。スタッフとゲストのみステージの上にあがることができる

スタッフ・ゲストは「**一般参加者**」ができないことが全部できます。専用エリアに入り、マイクでしゃべり、スクリーンに画像などを出すことができます（図2.61）。

MEMO ＊一般参加者でもマイクで声を出せるように設定することはできます。【2-15　イベントでの操作など】で説明しています。

ハロークラスター

イベントの雰囲気がよくわからない……という人は、cluster公式の「**ハロークラスター**」イベントに行ってみるとよいでしょう（図2.62）。ほぼ毎週行われていて、clusterの最新情報もわかるイベントです。

▲**図2.62**：cluster公式より、ハロークラスターでの集合写真の例

　基本はclusterのスタッフが話していて、参加者がエモートやコメントで反応し、途中でマイク権を
もらった人がしゃべることもあります。**最後は記念写真**を撮るなど、clusterで行われるイベントの雰
囲気がよくわかると思います。

イベント一覧

　いま開かれているイベント、これから開かれるイベントの一覧を見ることもできます。**≡ボタン**から
「**探索**」−「**イベント**」を押してください（図2.63❶❷）。そして、気になるイベントを選びます❸。

▶**図2.63**：色々なイベントがある

なおスマホ版では、アプリを起動した
ときに下のほうにある「**イベント**」を
タップすればカンタンに一覧を表示でき
ます（図2.64）。

▲**図2.64**：スマホ版ではこちらからイベントを表示

イベント一覧をながめて、「このイベン
トに行ってみようかな？」と思ったらイ
ベント画面に行って「**気になる**」ボタン
を押しましょう（図2.65）。イベント開催
日時に通知が来るようになります。開催
中のイベントであれば、「**入場する**」を押
してそのままイベントに入れます。

▲**図2.65**：「気になる」ボタンを押すと、イベント開始のとき通知が来
る。特にスマホ版で便利

Ｖアイテム

clusterは無料でプレイできますが、「**クラスターコイン**」というものを購入
して「**Ｖアイテム**」を使うと、イベントの主催者さんに「**投げ銭**」をすることも
できます（図2.67）。そのとき、同時にエフェクトも出ます。☆やハートを投げ
たり、ジェット風船を飛ばしたり、花火を出したり、はたまた「花輪」を出した
り……。詳しくはcluster公式のＶアイテムに関するページを見てください。

▲**図2.66**：
cluster公式
「Ｖアイテム」

▲**図2.67**：Ｖアイテムの例。左では星型のＶアイテムが、演者に2つ投げられている。右では「くす玉」が送られて、長い間表示さ
れている。なお「ランキングスクリーン」が置いてあるイベントでは、Ｖアイテムを投げた人の順位が表示される

2-13 スクリーンにファイルや画面を表示しよう

スクリーンにファイルを表示する（PC版・VRのみ）

イベントの行き方の次はイベントの開き方……といいたいところですが、他の方のイベントで「**ゲスト**」になったときにも使える**ファイルの表示方法**を先に説明します（スマホでは使えないことに注意）。

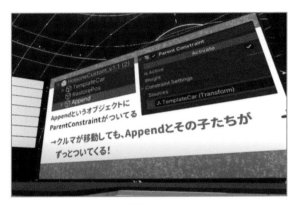

▲**図2.68**：スライドを出して説明していく例

clusterでは「**スクリーン**」というものが置いてあるワールドやイベントがあります。ここに**画像や動画やPDFファイルを表示**させることができます（図2.68）。特にイベントでは、登壇者がここに何かを表示して進めていくことが多いです。ただし、**事前にデータをアップロード**しておかなければスクリーンへの表示もできません。

まず左上にある**フォルダのようなボタン**をクリックします（図2.69❶）。するとウィンドウが開くので、「**ファイルを追加**」を押しましょう❷。あとはPCの種類、スマホの種類によって出てくる画面が違いますが、画像・動画・PDF・音楽データなど**アップロードしたいものを選べば大丈夫**です。

▲**図2.69**：画像などのアップロード

では、アップロードしたファイルをスクリーンに表示してみましょう。

まず左側から「画像」「PDF」など、ファイルの種類を選びます（図2.70❶）。そして表示したいものを選び❷、「**会場に出力**」を押せば❸、スクリーンに表示されます（図2.71）。

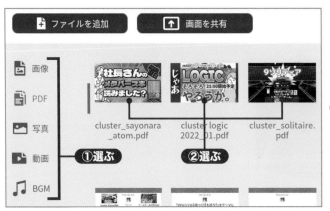

▲**図2.70**：ファイルの種類ごとに場所が分かれている

▲**図2.71**：スクリーンに出力中。他の参加者にもこれは見えている（「会場に出力中」を押すと表示は止まる）

☑CHECK

実は**イベントでなくても、スクリーンが置いてあるワールドではファイルを表示**できます。スクリーンが置いてあるだけの**テストワールド**を用意したので、「スクリーンだけ vins」とワールドの「検索」に入れ、「スクリーンだけ。」というワールドに入って試してみてください（ただしcluster の利用規約は守ってくださいね）。

画面共有する（PC・VRのみ）

ファイルだけでなく、**パソコンの画面をスクリーンに表示**して共有することもできます。特に**勉強会**や**ゲーム実況**イベントなどで便利です（なお2022年7月現在、大人数配信における画面共有の制限なども検討されているとのことです。詳しい情報はclusterの公式サイトを見てみてください）。

なお利用中は、**インターネットブラウザ**（Google Chrome、Firefox、Edgeなどのインターネットトを見るソフト）が起動します。

 MEMO
> VRでも使えますが、基本的にはPC版で使うのが便利なので今回はPCの場合のみ説明します。ただし**Macでは標準であるSafariブラウザには対応しておらず**、Google Chromeでも環境設定を求められることがあるので注意してください。

先ほどのファイル画面から、「**画面を共有**」ボタンを押し（図2.72❶）、つづけて「**画面共有を開始**」ボタンを押します❷。

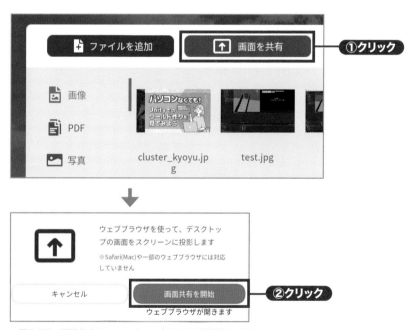

▲**図2.72**：画面共有は、ファイルの表示と同じ画面からはじめる

するとインターネットブラウザが開くので、「**画面共有を開始**」ボタンを押しましょう（図2.73❶）。画面全体かウィンドウ、さらにブラウザによってはタブウィンドウなども共有することができます❷❸。共有したいものを選んだら、「**共有**」ボタンを押します❹。あとはclusterの画面に戻り、OKを押せばもう画面共有がされています❺。

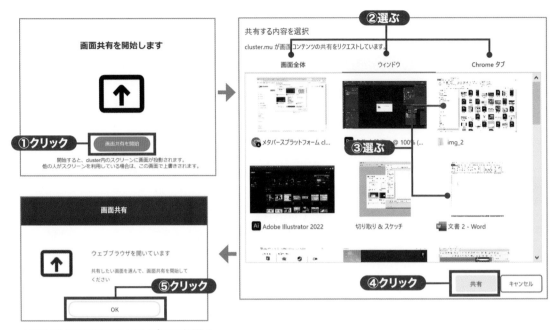

▲図2.73：画面共有するときはブラウザが開く

　終わりにしたいときはclusterから「**画面共有を終了**」を押すか、ブラウザに表示されている「**画面共有を停止**」ボタンを押しましょう（図2.74）。

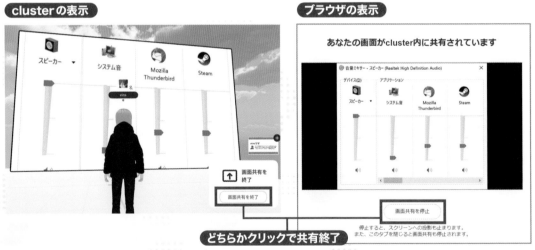

▲図2.74：ちゃんとパソコンの画面がスクリーンに表示されている

 MEMO　停止を忘れてclusterを終了させてしまっても、1分ほどすると勝手に画面共有は終わりになるとクラスター社の人から説明を聞いたことがあります。

2-14 イベントをつくってみよう

いよいよ**イベント開催**の方法を見ていきます。イベントとワールドの違いは【1-3 clusterで何ができるのか？】を見てください。人によってはワールド作成よりこちらのほうがメインの関心事になるかもしれませんね。逆に**ワールドを早くつくりたい人は、3章に飛んでも構いません。**

 MEMO

最初は練習として友達を数人誘い、自分のつくったワールドの紹介**や**普段の活動の紹介**（音楽、絵、文章、旅行、研究など……）をするイベントあたりからはじめると気軽でしょう。**

イベントをつくる

イベントは、clusterの公式サイトからつくります（PCでアクセスしてください）。

右上にある「＋」ボタンをクリックし（図2.75❶）、「**イベントをひらく**」をクリックします❷。

この時点で**いきなりイベントが開始するわけではありません。**「下書きを作成」→「開催時刻などを設定」という感じで進んでいくので安心してください。

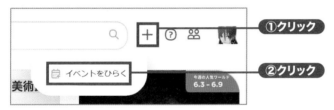

▲**図2.75**：このボタンをクリックしても、すぐイベントが開始するわけではないので安心

まずイベントに名前を付けましょう（図2.76❶）。そして「**公開**」か「**限定公開**」を選び❷、「**下書きを作成**」をクリックします❸。

▲**図2.76**：「下書きを作成」ではじめる

 MEMO

「**限定公開**」は、イベントのURLを知っている人だけが参加できます。練習にはこちらを使うのがいいかもしれませんね。

▲図2.77：設定項目が色々あるが、順番に見ていく

　表示された画面には色々なことが書いてありますね……（図2.77）。ですがとりあえず、❶開場日時、❷イベント開催会場、❸概要、❹イベント説明、❺メイン画像を押さえておけば大丈夫です。また、劇やコンサートなど、メインの出演者が2人以上いるときは❻スタッフ追加もチェックしましょう。

開場日時

　次に開場日時を決めましょう（図2.78）。時計マークをクリックすると時間、カレンダーマークをクリックすると日時が選べます。例えば「21:00に開始」の音楽イベントをしたいなら21:00開場にしないでください。20:50とか20:45とかから開場し、「イベント開始前にお客さんが集まってくる余裕」をつくりましょう。

 MEMO イベントのスタッフはいつでも会場に入れるので、「スタッフの打ち合わせ時間は10分で足りるかな？」などは考えなくても大丈夫です。スタッフ追加はこの後で説明します。

▲図2.78：時計とカレンダーを操作し、イベントの日時を決める

イベント開催会場

　会場はあなたがつくったワールドの他、clusterさんが最初から用意しているものも、さらに他の
ユーザーが許可を出したワールドも使えます。はじめてのイベントは最初から用意してある「**カンファ
レンスルーム**」か「**レクチャーホール**」あたりでやるのが無難でしょう（図2.79**❶❷❸**）。

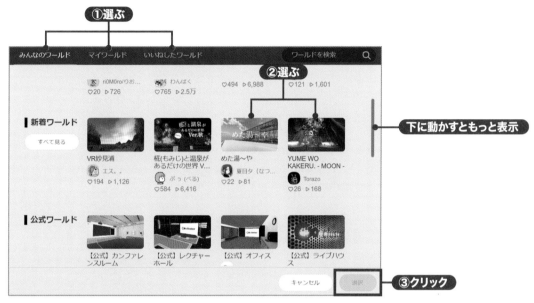

▲**図2.79**：最初からいくつか会場が用意されている

概要とイベント説明

　概要とイベント説明はこれがどんなイベントか、という説明書きです（図2.80）。「**概要**」は短めの文
章で、イベント一覧ページなどでの紹介ではこちらが表示されます**❶**。「**イベント説明**」はかなり長い
文章でも書けますし**❷**、画像を入れることなどもできます**❸**。

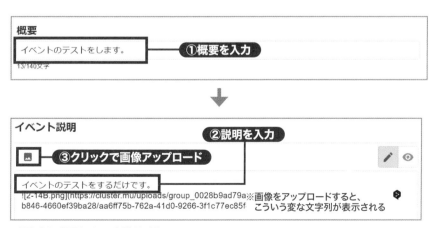

▲**図2.80**：概要とイベント説明の例

なお、イベント説明の右上にあるボタンをクリックすると入力画面とプレビュー画面を切り替えられます（図2.81）。

▲**図2.81**：「イベント説明」プレビュー中の例

何をするのか	音楽、劇、トーク、研究発表など……
誰が出るのか	自分だけか、他に誰かいるのか……
時間	何分くらいで終わるのか、できればカンタンにタイムスケジュールも
アピール	どこを見て欲しいのか、どこがいいと思っているか

▲ イベント説明の内容

　さて、中身ですが……イベント説明には、上の表のようなことを書いておけばとりあえずいいでしょう。もちろんイベントによっては面倒なことを考えず、ノリノリで書いてしまっても構いません。

メイン画像

　メイン画像は、いわゆるサムネイル画像ですね（図2.82）。**イベントに興味を持ってもらう**ために重要です。会場に使うワールドの画像、イベントに出る人のアバターの画像、あとは開始時間や日付などの情報にアピールのメッセージなどなど、自由に組み合わせてつくりましょう（なお「カラー選択」と「テーマ選択」は、イベントページの見え方を少し変えてくれます）。

▲**図2.82**：あなたの用意したサムネイル画像をアップロードする

スタッフ追加（2人以上で開催する場合）

　劇やコンサートなどでは、イベントを開いたあなた以外も「**スタッフ**」にしておきましょう（図2.83）。スタッフはいつでもマイクを使えるようになり、壇上など「スタッフ専用エリア」に入ることもできます。

▲**図2.83**：スタッフが2人の例。vinsが「管理者」

　「**スタッフ**」を追加するには、ユーザーIDと書いてあるところに追加したい人のIDを入れて（図2.84 ❶）、出てきたらクリック❷。これでスタッフとして追加できます。

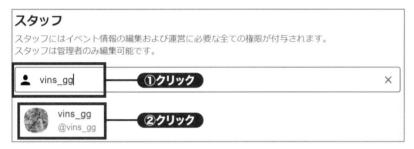

▲**図2.84**：IDを入れてユーザーを表示

保存を忘れずに

　最後に、画面右上にある「**作成して公開**」をクリックしましょう。まだ決めきれていないところがあるな、という場合は「**下書き保存**」にしてください（図2.85）。

新しいイベントを作成

□ 🔒 限定公開　URLを知っている方にのみ公開されます。

選ぶ

イベント名*

イベントのテスト

8/50文字

開場日時(利用時間4時間)*

イベントの作成後は日時の変更ができなくなります。ご注意下さい。

2022/06/13 14:47

▲**図2.85**：「下書き保存」か「作成して公開」か選ぶ

すると、イベントのページが開きます（図2.86）。イベントの告知には、このページのURLを使いましょう。TwitterやFacebookのボタンもあるので❶、それをクリックすればカンタンにSNSで告知することもできます。「**イベント編集ページを開く**」ボタンをクリックすると先ほどのイベント編集ページに戻り、情報を変更できます❷。

▲**図2.86**：イベントが公開された

　なおこのページを閉じても、clusterの公式サイトにアクセスし、左のほうにある「**マイコンテンツ**」から「**イベント**」をクリックすれば表示することができます（図2.87❶❷）。

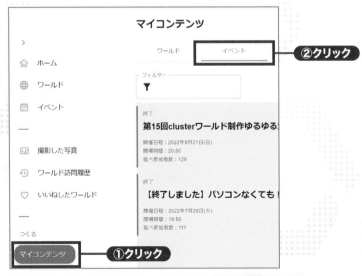

▲**図2.87**：イベントの一覧はclusterの公式サイトから

2-15 イベントでの操作など

実際にイベントがはじまった後に必要な操作や、その他のイベント知識を説明していきます。

マイクの設定・音量の設定

イベントでは、スタッフやゲストがマイクや音量の設定を変更することもできます。

▲図2.88：イベント用のマイク設定

まず、マイクの音が全体に届くか・周りだけかの設定です（図2.88❶❷）。ライブ・勉強会イベントなどでは「全体」のほうが便利ですが、飲み会系のイベントなどでは「近くの人にだけに聞こえる」のほうがいいこともあるでしょう。

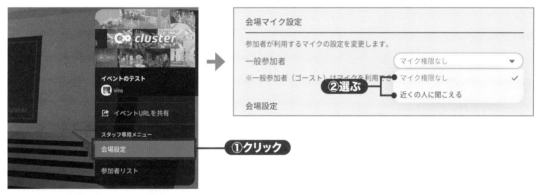

▲図2.89：一般参加者にもマイクを使ってもらうことができる

また、「≡ボタン」－「会場設定」からは、一般参加者がマイクを使えるかどうかを設定することもできます（図2.89❶❷）。勉強会やコンサートや劇などではOFFのほうがいいでしょう。飲み会イベントや盛り上がり重視のライブイベントなどではONにするのもいいでしょう（一般参加者だけマイクの音を小さめにすることもできます）。

 MEMO よくあるのは、イベントが終わるまではスタッフ・ゲストのみがマイクを使えて、**終わったら一般参加者にもマイクが開放される**というパターンです。ただし、一般参加者のマイクの音はその人の近くまでしか届きません。

音量設定

　先ほどの「**会場設定**」からは音量の設定も可能です（図2.90）。イベントは、勉強会のような静かなものでも無音だとちょっとさみしい感じです。何かしらの**音楽を流しておく**とよいと思います。ただ、筆者も何度も失敗しているのですが、**音楽の音量が大きすぎると登壇者の声がよく聞こえなくなります**。参加者のアプリの設定で音量を下げることもできるのですが、会場内の音量設定も上手くやっておくとよいでしょう。

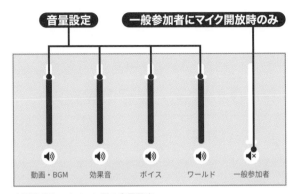

▲**図2.90**：イベント用の音量設定

 もともとBGMが設定してあるワールドでイベントをやっている場合は、「**動画・BGM**」だけでなく「**ワールド**」の音量も設定してください。よくわからなければ、両方変えちゃいましょう。

有名曲も使える!? ただし……

　楽器をやっている人やバンドなら、有名曲をカバーして演奏したことがあると思います。そういった**カバー曲はclusterのイベントで流すことができます**。

　ただし、この4点はくれぐれも注意してください。

・**JASRAC・Nextone**管理曲であること
　もちろん個別に許可を取れば他の管理曲も**OK**です。もともとどこで流してもいい**音楽アセット**なども当然**OK**です。

・**「インタラクティブ配信」**が許されているもの限定
　JASRACやNextoneの検索ページで曲を検索し、出てきたページの「配信」に○が付いているかをチェック。意外と「配信」が×な曲はあります。なおJASRACとNextoneの双方に登録された曲もあるので、JASRACかNextoneで「配信×」だった場合、もう一方での検索を忘れないようにしましょう。

・イベントページから**使用報告**（曲の使用申請）が必要
　イベント中、予定になかった曲を使った場合は事後報告も可能です。

・CDなどの音源をそのまま使うのはダメ

　あくまで**自分たちで演奏したり歌ったりしたカバー曲**や、誰かが「**フリー音源**として使っていい」と公開してくださっているカバー曲を使えるという形です。

詳しくはclusterの解説ページを見てみてください（図2.91）。

▶図2.91：cluster公式「使用楽曲の登録」

MEMO イベントだけでなく「ワールド」でもカバー曲を使えます。○○の曲を自分でカバーして演奏し、その曲のイメージに合わせたワールドで流す……とかカッコいいですね。「路上ライブ」のようなことも可能です。

参加者をゲストにする

イベントに来てくれた人に、「○○さんも来ていたんですね！　ちょっとしゃべってくれませんか？」とか頼みたいこともあると思います。そういうときは「**ゲスト**」にしましょう（図2.92）。

≡ボタンから、右のほうに出てくる「**参加者リスト**」というボタンを押します。そして、ゲストにしたい人に「**ゲスト権限を与える**」のボタンを押せばOKです（図2.92**❶❷**）。

▲図2.92：「参加者リスト」からゲストにできる

MEMO たまにゲスト権限を与えたのに上手くいかないこともあります。そういうときは落ち着いて、「○○さん、ゲスト権限渡してみたんですがどうですか？　マイクONにできますか？」などの問いかけをするとよいでしょう。

イベントに人を呼ぶには……

どうやってイベントに人を呼ぶか？　というのはリアルのイベントと同じでなかなか難しい問題ですが、下記の表のようなことは心がけてみましょう。

ハロークラスターで告知	ほぼ毎週行われているcluster公式のイベント「**ハロークラスター**」では、2022年7月現在「告知コーナー」というのがあります。30秒で自分のイベントなどの告知ができるので、やってみるのもよいでしょう
SNSやリアルの友達を誘う	とりあえずリアルの友達などを誘って、**まず数人に来てもらうのは大事**です。というのも、clusterでは**人がいる**イベントはトップページの「ONLINE」というところに出てくるんですね。数人来ていれば、人が人を呼ぶ形で結構来てくれることもあります
日時をチェックする	やはりclusterでは定番の人が集まるイベントというのはあります。cluster公式の「ハロークラスター」などは典型ですね。そういう**人気イベントとできるだけかぶらないように調べておくのも大事**なことです（もちろん、clusterのイベント数はどんどん増えているので全くかぶらないようにするのは大変ですが……）

▲ イベントに人を呼ぶには

図2.93：clusterには面白いイベント、素敵なイベントが非常に多い

2-16 VR (Meta Quest2) でプレイしてみよう

この節は、VR機器を持っていない人は読み飛ばしてOKです。

clusterはVRで、それも**パソコンとつながない「スタンドアロン」**の状態でもVRでプレイすることができます。プレイには**「Meta Quest2（以下、Quest2）」**が必要です（Quest2自体のセットアップ方法や基本操作は、Meta社の公式ページやネットの動画・解説記事などを参考にしてください）。

 MEMO PCとつなぐなら「HTC Vive」などのVR機器でもプレイできますが、本書ではQuest2での操作を説明していきます。

アプリのインストール方法

アプリのインストールには、Oculusストアで「cluster」という名前を入れて検索をします（図2.94 ❶❷❸）。

①入力する

②トリガー

③トリガー

インストールが終われば、他のアプリと同じように起動することができます。なおログインするとき、FacebookやAppleのIDをclusterに連携させた場合はhttps://cluster.mu/keyというURLにアクセスしてコードの入力をするよう求められます。TwitterやGoogleのIDを使っている場合の操作はPC版・スマホ版とあまり変わりません。

▲**図2.94**：ストアの「**検索**」で「cluster」と入れると見つかる

最初のうちは……

　まず、PCやスマホと同じで**最初はホームに入って操作に慣れるのがよい**ですね。かなりイメージが違うので、少なくとも移動やエモーションには困らないようになっておきましょう。

キャリブレーション（調整）機能

　VR機器を使う人の身長や手の長さは人によって違いますが、使うアバターの身長はそれと同じとは限りません。その部分を調整するのが「**キャリブレーション**」です。VRでclusterを起動すると、アバター選択の後でまず「キャリブレーション」がはじまります。

　立ってプレイするか、すわってプレイするかを選択します（図2.95❶）。身長も自分の身長に合わせます❷。そして**両手を前にまっすぐ伸ばし、両手のトリガーボタンを押す**とキャリブレーションが行われます❸。あとは「**PLAY!**」ボタンを押しましょう❹。

▲**図2.95**：腕をまっすぐ伸ばして両手のトリガーを引く

なお、キャリブレーションはワールドに入った後も行うことができます（図2.96❶❷）。

▲**図2.96**：ワールド内でキャリブレーション。「設定」はこのあと説明する「メニューを出す」から選ぶことができる

動く・まわる・ジャンプ・使う

　VRでは、左スティックを倒すとそちらの方向に動くことができます（図2.97❶）。右スティックを左右に倒すと、視点がまわります❷。**メニューを出すにはBかYボタン❸。ジャンプはAボタン**です❹。

　アイテムが落ちているときは、近づくとコントローラーの先から線（ポインター）が出ます。これを**アイテムに当ててグリップボタンを引くと、アイテムを持つ**ことができます❺（持った後でグリップボタンを離すと、アイテムを落とします）。

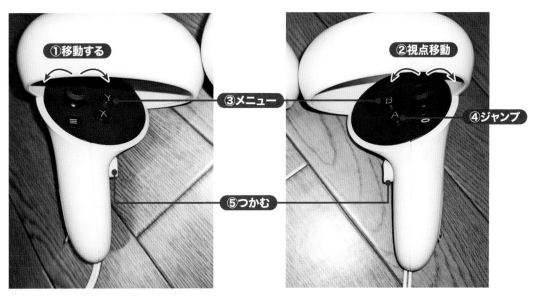

▲**図2.97**：コントローラーの設定

メニューを出す

BボタンかYボタンを押すと、空中に（図2.98）のようなウィンドウが登場します。「**コメント**」「**エモーション**」「**カメラ**」など、PC（デスクトップ）・スマホ（モバイル）版では最初から出ている機能もここにあります。≡ボタンから出していた「**設定**」なども入っています。コントローラーから出ているポインターをボタンに当てて、トリガーを引くと各機能を選べます❶。

なお、「コメント」などのウィンドウは**「トリガー」ボタンで選び、動かすことで好きな場所に移動**させることができます❷。視界のジャマにならないところに置いておくといいでしょう。

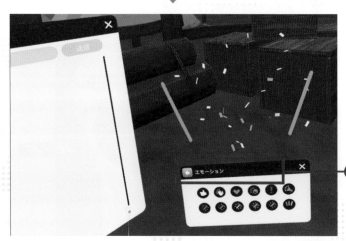

▲**図2.98**：VRなので、メニューも立体的に動かせる

2種類の移動方法

VRでは移動方法が2つあり、メニューの「**設定**」-「**操作**」から選ぶことができます（図2.99❶❷）。

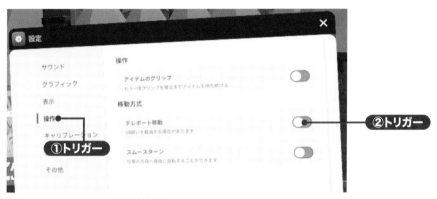

▲**図2.99**：VRでは2つの移動方法がある

左スティックを動きたい方向に動かすやり方は同じなのですが、下の表のような違いがあります。

通常式	スティックを押した方向に、すぐ動く
テレポート式	分身が移動していき、スティックを離したところで瞬間ワープ

▲ 動かし方の違い

「テレポート式」のほうが**VR酔いをしづらいとされています。** ただわかりにくいと感じる人もいるかもしれないので、2つとも試した上で好みのものを選ぶとよいでしょう。

なお「**スムースターン**」は、普通なら「45度ずつカクカクと向きが変わる」のを「少しずつ変わる、微調整可能」にします。OFFのほうがVR酔いしないという説もありますが……。「**アイテムのグリップ**」は、にぎりっぱなしにしなくてもアイテムを落とさないようにできます。

PCと接続してプレイする場合（Windows版）

WindowsならPCとQuest2を接続してプレイすることもできます。「**SteamVR**」のインストールが必要です（無料）。「**Steam**」はゲームやゲーム関係のソフトをダウンロードできるサービスですね。SteamのページからSteamをインストール・アカウント登録し、Steam内で「SteamVR」を検索してインストールしましょう。

さらにMeta Quest2の公式サイトから「Oculus Link」というソフトもインストールします。

MEMO

もちろん、HTC Viveなど他のVR端末でも対応しているデバイスなら使えます。

SteamVRを入れ、PCにVR機器をつないだら、Quest2を頭にかぶって、「設定」から「Oculus Link」を選び、「利用可能なPC」で接続先PCを選択して「起動」を選びます。そうしたら一度Quest2を頭から外し、普通にPC版のclusterアプリを起動しましょう（図2.100）。「**Desktop**」か「**VR**」かを選べるようになっているので、そこで「**VRで入る**」を選び、あとはQuest2を頭にかぶればVRでプレイができます。「Air Link」という機能で無線接続のプレイもできますが、最初は有線で接続するほうがトラブルが少ないでしょう。

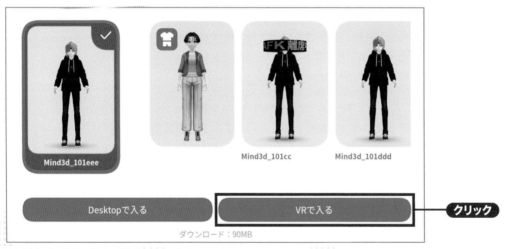

▲**図2.100**：「VRで入る」ボタンをクリックする

Quest2単体でプレイするより面倒ではありますが、重いワールドやアバターでもちゃんとプレイできるのは大きなメリットですね（もちろんPCの性能がよければ、ですが……）。ただ、環境によっては動作が不安定になったり、上手くつながらないケースもあるようです。どうしてもつながらない場合は、PCにつながずプレイするのもよいと思います。

2-17 発展的な操作

　clusterの基本操作をおぼえてきたでしょうか。まだ余裕がある人は、そろそろ発展的内容も見ていきましょう。

「パーソナルスペース」を設定しよう

　普通のワールドではあまり必要にならないのですが、人が多く密集するタイプのイベントでは「**目の前に他のアバターが多すぎて出演者が見えない**」なんてこともあります。こういうときは「**≡ボタン**」－「**設定**」－「**表示**」から「**パーソナルエリアの表示**」をONにしましょう（図2.101❶❷）。すると、あなたの**周囲にいる人が見えなくなります**（見えなくなっただけで、ホントはいます）。見えなくなるエリアの大きさは、スライダーで調整可能です❸。

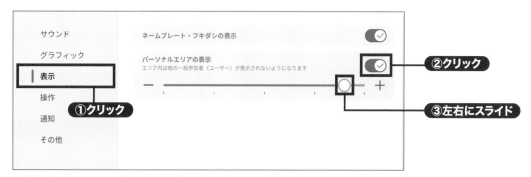

▲**図2.101**：イベントで周りに人が多すぎるときに便利

ポータル設置

　フレンドや仲よくなった人と話しているとき、「あのワールド面白かったよ！」みたいな話題が出ることもあると思います。そんなとき、実際に行ってみるのに便利なのが「**ポータル**」の機能です（図2.102）。

▲**図2.102**：他のワールドにワープする「ポータル」

　≡ボタンから「**探索**」を選び、「**検索**」や「**ワールド訪問履歴**」などから行きたいワールドを選びましょう。あとは「**ポータルを設置**」を押し（図2.102❶）、場所を決めてさらに「**ポータルを設置**」を押せば❷、そのワールドやイベントに飛べるワープゾーンが設置されます（図2.103）。

▶**図2.103**：ここに入ると、ワールドを移動する
　　　ためのボタンが出てくる

新しいサーバーで遊んでみよう

ゲームワールドを1人で集中して遊んでみたいとき、じっくり落ち着いて写真を撮ってみたいとき、身内でワールドに集まっておしゃべりしようとしたら、他のグループが先にいたとき……。こんなときは、**「新しいサーバー」**で遊んでみるとよいでしょう。全く同じワールドですが、「あなただけ」や「あなたと身内だけ」で遊ぶことができます。

「**≡ボタン**」→右のほうにある「**新しいサーバーで遊ぶ**」を押しましょう（図2.104❶）。次に「パブリック」「パーティ」「プライベート」のいずれかを選びます❷。

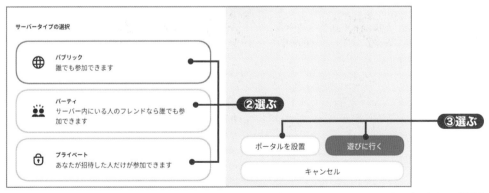

▲**図2.104**：1人で遊びたいとき、知り合いだけで遊びたいときなどにつくられたサーバーは、全員が退出すれば数分後に自動で削除されます

パブリックは通常のワールドと同じですが、他のタイプは下の表の通りです。

プライベート	あなた1人、もしくはフレンドやURLを知っている人、あなたの設置したポータルに入った人のみ入れるようになります。**1人もしくは2～3人で集中して何かしたいとき**に向いているでしょう
パーティ	いまあなたと**同じワールド（の同じサーバー）にいる人だけ参加できます**。「ポータルを設置」と合わせると使いやすいですね。「いまここにいる人で○○のワールドに行こう」というときによいです

▲ サーバータイプについて

あとは1人で新しいサーバーに行くなら「**遊びに行く**」を、数人で行くなら「**ポータルを設置**」を押せばOKです❸。

サーバーは自動で2つ以上になることもある

clusterの**ワールドの人数には制限があります**（2022年7月現在では25人）。ですから人気のあるワールドで30人、40人と人が入ってくると、**自動で新サーバーが作られて分かれる**ことになります。これは「**≡ボタン**」を押し、右側に表示される「**サーバー内リスト**」を見ると確認できます（図2.105）。

▲図2.105：サーバーが2つに分かれ、上下に区別して表示されている例

（図2.105）では、1つのワールドにサーバーが2つ以上あり、メンバーが分かれてしまっていることがわかります。なお、イベントなら100人まで参加できますが、100人を超えた場合101人目からは「**ゴースト**」となってしまいます。【2-12　イベントに行ってみよう】も見てみてください。

03 ワールドクラフトで簡易ワールドをつくろう

CHAPTER 03　3章　ワールドクラフトで 簡易ワールドをつくろう

ワールドクラフトは、**スマホでも使える簡易ワールド作成機能**です。簡易といってもパーツは豊富で、アイデア次第ですごいワールドもつくれます。**Unityでワールドをつくる前に、このワールドクラフトでワールド作成の感覚に慣れて**おきましょう。ワールドクラフトは原稿執筆中にもかなり機能が増えており、本書が出る頃にはさらに新しい機能を備えている可能性があります。サンプルプロジェクト内には「**原稿を書き終わった後、clusterで起きたこと。**」という文章を用意しておりますので、ご覧ください。

3-1　ワールドクラフトをはじめよう

それではワールドクラフトをはじめます。基本的に**PC版の操作を説明していきますが、スマホ (モバイル) 版でもほとんど同じ感覚**でつくれます。

ワールドクラフトを起動

ホームなどから、「**≡ボタン**」を押して、「ワールドクラフト」を選びましょう (図3.1)。

◀**図3.1**：ワールドクラフトはここからはじめる

最初は画面真ん中の「**ワールドをつくる**」ボタン、すでにワールドをつくっている場合は、右上の「**＋ワールドをつくる**」ボタンをクリックします（図3.2）。

▲**図3.2**：これはすでにいくつかワールドをつくった後の例

 2回目からは、（図3.2）の画面に並んでいるワールドをクリックすれば**ワールド作成を再開**できます。

「テンプレート」（今回はGrid World）を選び（図3.3❶）、ワールドの名前を入力し❷、「**スタート**」をクリックしてください❸（スマホやPCの2回目以降は「**クラフトする**」と表示されます）。

▲**図3.3**：ここでは、ワールド名は適当でも構わない

 2022年10月現在、「テンプレート」は1種類ですが、今後増えていくものと思われます。

バッグへ

　さて、いよいよワールドクラフトの世界がはじまりました。青い空と白い板だけが見えている感じですね。最初は床のパーツを色々と置けるようになっているのですが、床のパーツを置くのは実はちょっとムズかしいので、「**バッグ**」のボタンをクリックします（図3.4）。

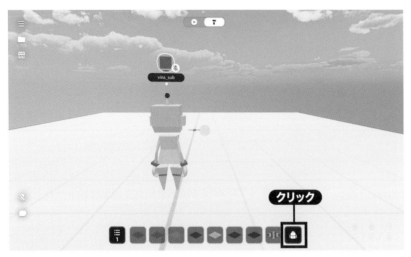

▲**図3.4**：「バッグ」ボタン

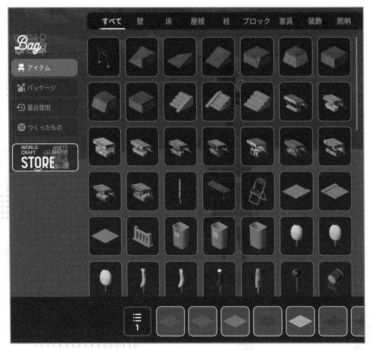

▲**図3.5**：無料アイテムがたくさんある。左のストアボタンからさまざまなアイテムを買うことも可能

バッグが表示されました（図3.5）。色々なアイテムがありますが、ここでは「石」を選んでみます（図3.6❶❷）。その後で、画面下の左あたりにある緑の板をクリックしてみます❸。すると、**緑の板だったところが石の表示**になりました。

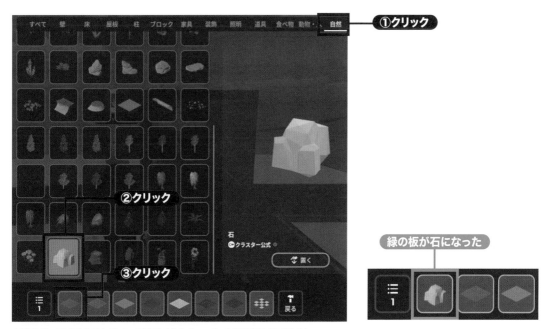

▲**図3.6**：アイテムストアで、下のリストに入っている床を石のアイテムに

同じようにして、いくつかの板を別のアイテムに変えましょう。ベンチなどすわれるアイテムも選んでおくとよいです。できたら、「**戻る**」をクリックしてクラフト画面に戻りましょう（図3.7）。

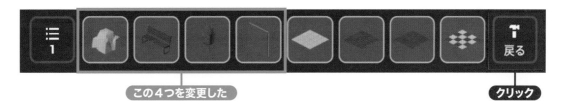

▲**図3.7**：4つほどアイテムを変更

 MEMO ワールドクラフトは**本書が出たときには色々な機能・アイテムが加わっている可能性が高い**です。なので、ここで出した「石」などのアイテムの場所が変わっているかもしれません。その場合は何でもいいので好きなアイテムを選んでくださいね。

3-2 アイテムを置いていく

では、バッグで選んだアイテムをワールドの中に置いていきましょう。

石を置いてみる

まず石のアイテムを選んでみます。すると半透明の石が出てきて、ドラッグすれば置く場所を選べます（図3.8）。置く場所によっては**石が赤っぽくなってしまっているかも**しれません。これは、「**このままでは置けない**」という意味です。ちょっとわかりにくいですが、石が空中に浮いてしまっているんですね。

石が赤い表示に……

クリック

▲図3.8：まず石のアイテムを選ぶ

こういうときは置く場所を変えてみましょう。視点を上下させるのもいいですね。上手く床に石が置くことができるポイントがあるはずです（図3.9）。

▲図3.9：少し移動させると、石が緑っぽくなった

> ✏️ **MEMO**
>
> ワールドクラフトでは、「**空中にモノは置けない**」がキホンです。何かの上やヨコにつなげて置いていく必要があります。ただし、**一度置いてから下にあるものを消してしまうのは大丈夫**です。

あとはそこでクリックすれば石を置けます。**右クリックなら、連続で岩を置く**こともできます（図3.10）。キーボードの [**Q**] を押すと、置くのをやめます。

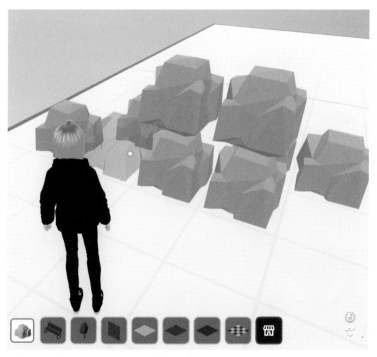

▲**図3.10**：右クリックでたくさん石を置いた例

ちなみにスマホでは、（図3.11）の2つのボタンを使います。連続石置きも可能です。「×」ボタンをタップすれば置くのをやめます。

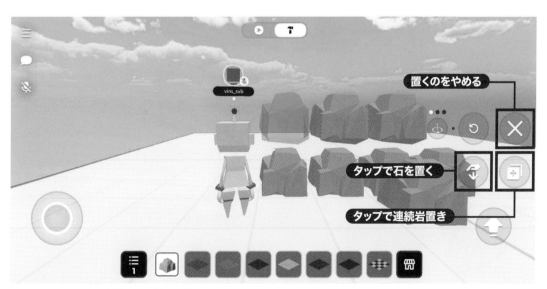

置くのをやめる

タップで石を置く

タップで連続岩置き

▲**図3.11**：スマホでは右側にあるボタンを使う

アイテムを回転させる

　実はアイテムを選んでいるとき、右のほうに操作解説が出ています（図3.12）。これは**回転の説明です**。書いてある通り、キーボードの［**R**］を押すと持っているアイテムが回転します。

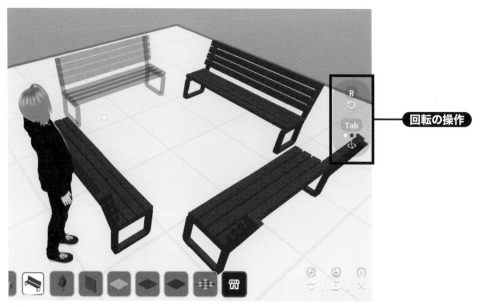

回転の操作

▲**図3.12**：こんな風にベンチを置くこともできる

　また、キーボードの［**Tab**］を押すと回転の軸（方向）を3種類切り換えることができます（図3.13）。［**Tab**］を1度押してから［**R**］を押すとベンチが地面に転がったみたいになりますし、［**Tab**］を2度押してから［**R**］を押すとベンチが立ったみたいになりますよ。

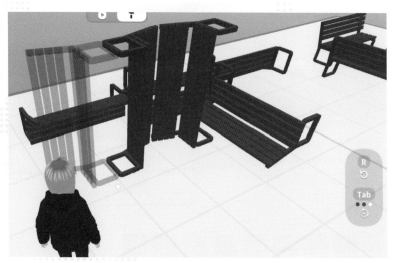

▲**図3.13**：色々な方向の回転

スマホ版でも、右のほうにある同じ回転マークのボタンをタップすればOKです（図3.14）。[**Tab**]の代わりに回転の軸（方向）を変えるボタンもあります。

回転軸を変えるボタン

回転ボタン

▲**図3.14**：スマホ版の回転方法

 MEMO

ちなみに**ワールドクラフトのデータは自動でclusterに保存**されます。「保存してから退室」とかは考えなくても大丈夫です。

ワールドクラフトのキホンは【3-2　アイテムを置いていく】だけでも十分なのですが、あと少しだけ説明をしておきます。

アイテムを消す

置いたアイテムを消したいこともありますよね。そのときはまず、**画面中央の白い点に注目**です（専門用語ではレクティルと呼ばれます）。この**白い点を消したいものに当てます**（図3.15❶）。そしてキーボードの [Q] を押しましょう❷。

①白い点を当てる

②キーボードの [Q] を押す

▲**図3.15**：消し方も大事

このように、石が消えます（図3.16）。

▲**図3.16**：石が消えた

108

スマホでも、同じように消したいところに白い点を当てます（図3.17❶）。そしてゴミ箱ボタンをタップします❷。

①白い点を当てる

②ゴミ箱ボタンを押す

▲**図3.17**：スマホ版での消し方

アイテムをコピーする

【3-2　アイテムを置いていく】で**右クリック**はアイテムを連続置きすると説明しましたが、実は**アイテムをコピーする力も持っています**。白い点を**コピーしたいものに当てましょう**（図3.18❶）。そして白い点で狙ったまま、**右クリック**します❷。

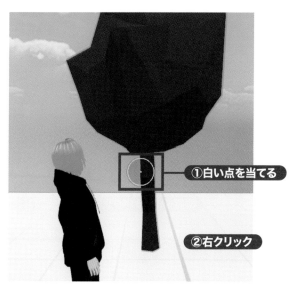

①白い点を当てる

②右クリック

▲**図3.18**：右クリックは、白い点を狙ったアイテムに当てたまま行う

あとは**アイテムを置きたい場所で右クリックしまくれば**、同じアイテムをコピーしていくことができます（図3.19）。

▲**図3.19**：あちこちで右クリック

　MEMO　木のように大きなモノを置くときは、**ある程度視点を上げないと根元が床に埋まってしまいます**。（図3.19）は木を置いているのですが、ほとんど床に埋まっています……。

位置をずらすときは左クリックで

　ちなみに**置いたモノの位置をちょっとずらしたいときなどは、右クリックではなく白い点を当てた状態にして左クリック**をすればOKです（図3.20）。左クリックして選択した後には、前に説明した［R］や［Tab］の回転などもできます。

　もちろんスマホでも同じ機能のボタンがあるので、ずらしたりコピーしたりはカンタンです。

位置をずらすボタン

コピーするボタン

▲**図3.20**：PCでは白い点を合わせ左クリックで再配置開始。スマホではこれらのボタンを活用

テストプレイしてみる

　色々なモノを置いたら、実際にプレイしてみたいですよね。それをするには、上のほうにある**「モードを変更」スイッチをクリックするだけ**です（図3.21）。

▲**図3.21**：「モードを変更」スイッチ1つで切り換えできる

　パッと見には**あまり変わって見えませんが、ちゃんとベンチにすわれます**（図3.22）。持てるアイテムが置いてあれば、それも持てます。

▲**図3.22**：ベンチにもすわれる

　また**ワールド作成を再開**したいときは、**プレイボタンの右にあるクラフトボタン**をクリックしましょう（図3.21）。

3-4 ワールドを公開する

せっかくワールドをつくったなら、公開したいですね。これは**とてもカンタン**にできます。

ワールドを公開

　現在クラフト中のワールド内の「**≡ボタン**」をクリックし、右のほうに出てくるところから「**ワールドを投稿**」をクリックしましょう（図3.23）。もしくは、「**≡ボタン**」から「**ワールドクラフト**」をクリックし、投稿したいワールドを選択し、そこから「**ワールドを投稿**」をクリックします。

▲**図3.23**：「≡ボタン」から表示できる

　そして出てきた画面でまた「**ワールドを投稿**」ボタンをクリックするだけです（図3.24）。サムネイル画像、ワールド名、カテゴリなどは変えたければ変えましょう。そのままでも全然OKです。

▲**図3.24**：公開すれば、他の人もプレイできるようになる

▲図3.25：この画面が出ればOK

　「**いますぐ遊びに行く**」をクリックすれば実際にclusterで遊びに行くこともできます（図3.25）。当然、そこでイベントを開くこともできますよ。

ワールドを更新したいときは？

　ワールド情報の更新は、投稿とほとんど変わりません。

▲図3.26：投稿のときとほとんど同じ

　「**≡ボタン**」から「ワールドを更新」をクリックし、さらに出てきた画面で「ワールドを更新」をクリックすればOK（図3.26❶❷）。更新するときはサムネイル画像、ワールド名などをあらためて変えてもいいですね。

ワールドを非公開にする

例えば、どうしてもワールドを修正したくて、修正中は非公開にしておきたいこともあるでしょう。そのようなときは、clusterの公式ページから行います。まずcluster公式サイト（cluster.mu）にアクセスして、左端にあるメニューから「マイコンテンツ」を選びましょう（図3.27）。

そしてワールドクラフトで投稿したワールドの右のほうにある点3つのボタンをクリックしてください（図3.28❶）。あとは「**非公開にする**」を選び❷、出てきた画面でまた「**非公開にする**」をクリックします❸。これでOKです。

▲**図3.27**：cluster公式サイトの左端

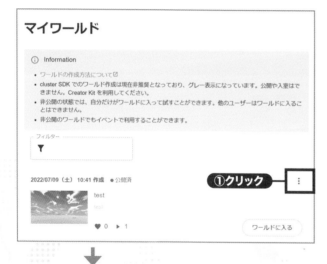

▲**図3.28**：非公開にする例

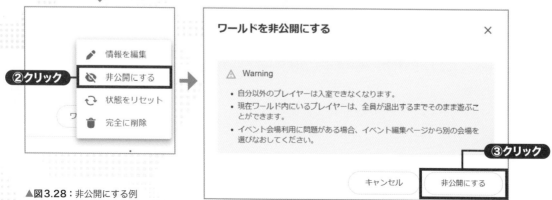

再公開したいときは？

　また公開したいときは、同じページからできます。非公開にした後は「**公開する**」というボタンに変わっているので、それをクリックします（図3.29❶）。そのとき「**説明文**」というのを入力しないといけないので、何かワールドの説明を入れてください❷。ワールド名と同じでもOKです。

▲**図3.29**：再公開の手順

　あとは「**保存して公開**」をクリックすれば、再公開されます❸。

3-5 細かいテクニック

ワールドクラフトでの細かいテクニックを見ていきましょう。

空中にモノを浮かせる

ワールドクラフトでは下とかヨコとかにモノがないとアイテムを置けません。ただ、**一度置けば削除してしまってOK**。ですので、(図3.30) のようなことができます。

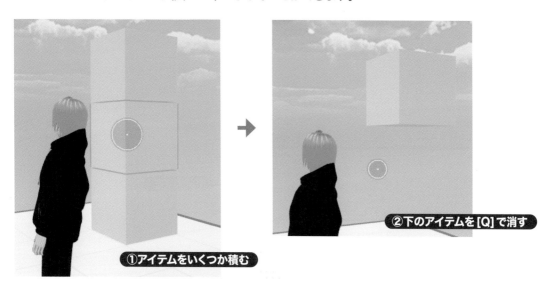

①アイテムをいくつか積む
②下のアイテムを [Q] で消す

▲**図3.30**：積んだ後に下を消せば空中に残る

床やカベの重なりに注意

床やカベを重なるように置くと、変な感じに重なってチラチラすることがあります。これは「Z-Fighting」と呼ばれる現象で、ワールドクラフトで発生した場合はどうしても避けられません。重ならないように注意しておきましょう (図3.31)。

▲**図3.31**：床がヘンな重なり方をしている例

モノの名前や用途にこだわらない

　普通は「ボール」といわれたらボールとして使いたくなるし、「床」といわれたら「床」として使いたくなりますよね。しかし、**ボールを巨大ロボットの目にしてみたり、床を回転させてカベにしてみたり、**そういう使い方をしても全く問題ありません。

　ワールドクラフトにはそういった自由な発想でつくられたすごいモノがたくさんあります。例を見てみましょう（図3.32）。

（写真提供）もつおさん

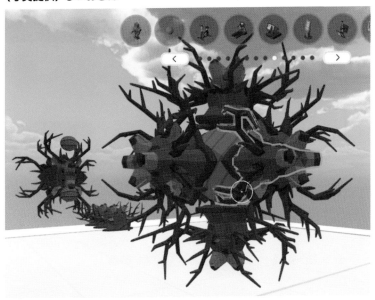

（写真提供）Flor さん

▲**図3.32**：「鹿の頭の飾りを組み合わせてつくったモンスター」（上）と「イスなどを使ってつくったロボット」（下）

フレンドといっしょにつくる

ワールドクラフトは1人だけでなく2人以上でいっしょにつくることもできます。

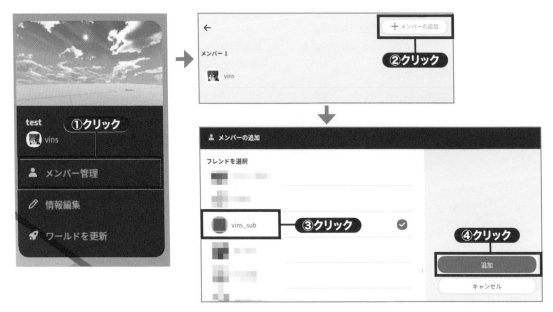

▲**図3.33**：フレンドといっしょにワールドをつくることができる

「**≡ボタン**」から「**メンバー管理**」をクリックします（図3.33❶）。そして「**＋メンバーの追加**」をクリックし❷、追加したいフレンドを選び、「**追加**」を押クリックすればOKです❸❹。

（シャッフルクラフト大賞作品「九龍城」より）

▲**図3.34**：clusterの公式企画「シャッフルクラフト」で、多くのユーザーが参加してとんでもなく大きなワールドを作成した例

スロットを活用する

　ワールドクラフトでは、「**スロット**」を活用することでより多くのアイテムを効率的に使うことができます。クラフト中に画面下にあるボタンから一番左のものをクリックし（図3.35❶）、出てきたリストから好きなスロットを選びましょう❷。

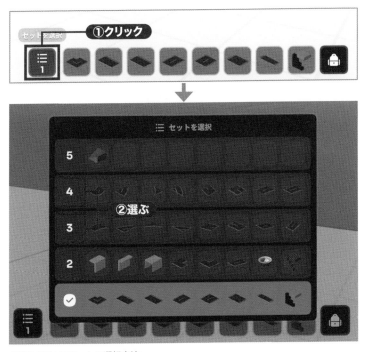

▲**図3.35**：スロットの選択方法

　スロット機能を使わないと10個までしかアイテムが登録できず、そのつど「**バッグ**」を表示させて入れ替える必要が出てきます。スロットごとにアイテムを登録しておくことで、**多くのアイテムをすばやくカンタンに置くことができます。**

　もちろん、「バッグ」を表示していても「スロット」の変更はできますよ（図3.36）。

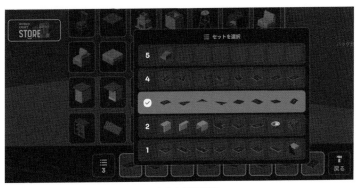

▲**図3.36**：「バッグ」を表示しているときも利用可能

コラム ワールドクラフトとUnityの違いは？

　ワールドクラフトでつくられたワールドを見ると、「こんなすごいワールドをつくれるなら、もう Unityはいらないのでは」と思うかもしれません。しかし**やはり、Unityを使ったワールドには魅力 があるの**です。

見た目の自由度が高い

▲**図3.37**：このような光の演出はワールドクラフトでは難しい

　Unityではピカピカ光るもの、動いて見えるもの、色々な表現が可能です（図3.37）（第5章で本 格的に扱います）。高画質な画像も使いやすいです。リアルな影を表現することもできます。ワール ドクラフトでは割とシンプルな見た目になることが多いので、まずここで差が出てきます。

インタラクティブなもの、反応があるものをつくりやすい

▲**図3.38**：Unityなら反応があるモノをつくれる

Unityでは、clusterが用意した**CCK（Cluster Creator Kit）**というものが使えます。これにより、「クリックした・モノがぶつかった・2秒経った」など色々な条件で「反応」を起こすことができます（図3.38）。音を鳴らしたり、モノを飛ばしたり、新しくモノを出したり。これはいまのところ、ワールドクラフトでは制限があります。

配置の自由度が高い

▲**図3.39**：フクザツな配置も可能

ワールドクラフトでは基本的に「ブロック」のようなモノを置いていく形でワールドをつくっていくので、微妙にナナメに傾けて置くようなことはできません。Unityではなめらかに配置したり、バラバラに散らばったように配置したり、自由度がとても高いです（図3.39）。

▲**図3.40**：ゲームもつくれる

　Unity＋CCKを使うと、ポイントを計算したり、ポイントがたくさんあるときだけ扉を開いたり、簡単なプログラムのような機能を使えます（図3.40）。初心者には難しい機能ですが、これを本格的に行うのはUnityでないとできません。

　もちろん**ワールドクラフトはすごいスピードで進化しています**から、これらの機能についても今後できるようになる可能性はあります。とはいえ、**本格的なワールドをつくりたいならUnity**を使う必要がある点は変わらないでしょう。

04 Unityを使った
ワールド作成の準備

CHAPTER 04 4章

Unityを使った
ワールド作成の準備

いよいよUnityを使ったワールド作成に入っていきます。**インストール**からはじめて**サンプルプロジェクト**を入れ、**基本操作**もチェックします。つくるときに**便利なソフト**や、はじめての**ワールド作成のコツ**なども解説します。

4-1 / パソコンの性能 (スペック) をチェック

さて、いよいよUnityでワールドをつくるわけですが……まず、パソコンの性能（スペック）をチェックしておきましょう。

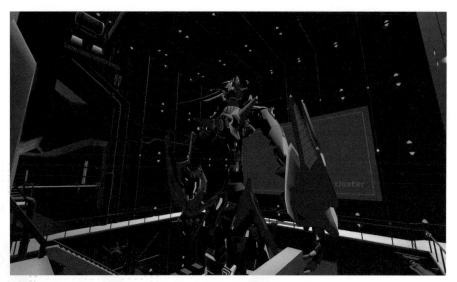

▲図4.1：フクザツなワールドをつくるには、よいパソコンが欲しい……

できればメモリは8GBより多めに……

まず当然ですが、clusterが動かないパソコンでワールドをつくろうとしても上手くいきません。clusterをただプレイするだけならメモリは8GBあればいいのですが、**ワールド作成なら16GBあると安心**ですね……。

もし**メモリが8GBしかない場合**は、できるだけ他のソフトを終了させてからワールドづくりをしたほうがよいでしょう。特にワールドの**アップロード**のときには気を付けてください。

CPU・グラフィックボードなどはそこそこでも

　CPUというのはパソコンの心臓ともいわれる、メインの計算をするところです。ワールドを**アップロードするときなどは高速なCPUがあることで時間が短くなります**が、ワールドを作成している作業の間はそこそこ（いわゆるミドルクラス）のCPUでもなんとかなります。画像を表示するときに使う「グラフィックボード」も、そこそこでいいでしょう。

　とはいえ**cluster プレイ中、ちょっとでも重いワールドだとカクカクするようなスペックだと……Unityでは、ストレスを感じる場面も多い**かもしれません。ここは予算との戦いなので、特に中高生の人などはガマンしながら取り組んでみてください（ゲームをするためのPCは、そのままUnityの開発が快適なパソコンだったりします。学生の方はメタバースの勉強をするからと親御さんに必死に頼みこむのも手かもしれません……）。

> 【7-1　ライトを「ベイク」してみよう】で登場する「ベイク」は、高性能なグラフィックボードがあると非常に有効です。ワールド作成に慣れてきたらこうした部分も性能アップできるとよいですね。

データを保存するハードディスク・SSDは？

　最近はデータを保存するハードディスク・SSDも大容量になってきていますから、空き容量が全く足りない……ということはあまりないと思います。容量は多ければ多いほどよいですが、とりあえずは**10〜20GBの空きがあれば**足りるでしょう。

　ただ、**1つのワールドをつくるときに1GBくらいのデータは普通に使います。**大きいワールドなら3GBくらい使うこともあり得ます。空きが少ないハードディスク・SSDにたくさんワールドをつくると保存しきれなくなることもあるので、いちおう注意しておきましょう（特にハードディスク・SSDの**容量が少ないことが多いノートパソコンで注意**）。キビシイ場合は**USBメモリや外付けハードディスク、ネットで保存できるサービスなど**を使い、古いデータを退避しておきましょう。

ノートパソコンでもマウスの用意を

　ノートパソコンの「トラックパッド」でもいちおう操作できますが、**Unityでの開発にはホイール（中ボタン）をよく使います**（図4.2）。

　細かい操作にも便利なので、**ノートパソコンでもきちんとマウスを用意**したほうがいいでしょう。1000円もしないですよ。

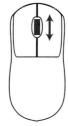

▲図4.2：このホイール（中ボタン）が大事

4-2 Unityをインストールしよう

Unity IDをつくろう

まずはUnityのIDをつくりましょう。
Unityの公式サイトにアクセスし、右上
の丸いボタンをクリック（図4.3❶）。
そして「**Create a Unity ID**」をク
リックします❷。

https://unity.com/ja

▶図4.3：Unityの公式サイト

 MEMO

この章は「**PCで○○をダウンロードする**」部分が多くあります。PCからQRコードを読み込むのは難しいのでURLをそのまま書いていますが、【4-3　サンプルプロジェクトを入れる】で出てくる**サンプルプロジェクトには本書に出てくる主なURLがリストとして入っています。**ですから、先にそちらをダウンロードしていただくのもいいかもしれません。

Unityのアカウントをつくります。clusterのアカウントをつくったときと同じように、Google・Apple・FaceBookなどと連携してアカウントをつくるほうがカンタンです。アカウントを連携し、利用規約を承諾してボタンをクリックするだけです（図4.4❶❷❸）。

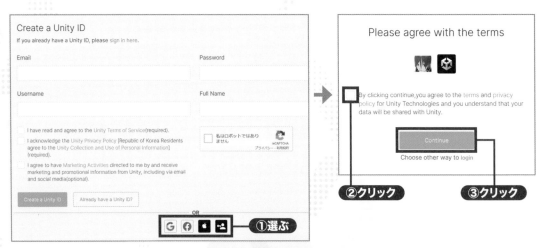

▲図4.4：Google・Apple・Facebookなどのアカウントと連携してUnityのアカウントを作成

あとは、いちおう**Unityのアカウントを日本語設定に**しておきましょう（図4.5）。アカウントをつくったら表示される画面から、❶の「**Preferred language**」の右にあるボタンをクリックし、❷で「**日本語**」を選び、「**Save**」ボタンを押せば日本語になります❸。

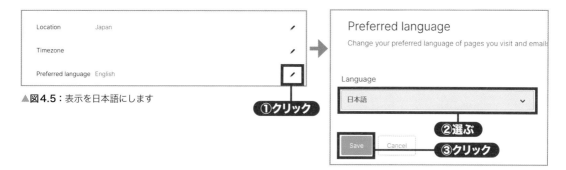

▲**図4.5**：表示を日本語にします

まずは**Unity Hub**をインストール

さて、Unityをインストールしたいところですが……その前に、**Unity Hub**をインストールします。Unity関係の**色々を管理してくれるソフト**です。

https://unity3d.com/jp/get-unity/download

▲**図4.6**：Unity Hubをダウンロードする

このURLのページから「**Unity Hubをダウンロード**」のボタンを押します（図4.6）。**ダウンロードされたファイルを実行**し、インストールを完了させてください。

▲**図4.7**：Windowsではこんな感じで進んでいく。利用規約を確認して「同意する」を押す

Unity Hubの日本語化

では**Unity Hub**を起動します。Windowsならスタートボタンから「U」のところを探すといいですね。起動したときUnity本体のインストールを行う画面（Install Unity Editor）が出ますが、右下の「Skip Installation」を押してスキップします。clusterで使うバージョンと異なる場合があるためです。まずはUnity Hubの表示を日本語にしておきましょう（最初から日本語になっていたら、以下の操作は必要ありません）。この前後の操作で起動許可などが求められた場合、それぞれの内容を確認して進めてください。

歯車アイコンをクリック（図4.8
❶）してから「Appearance」を
クリックしてください❷。そして
Languageで「English」となって
いるところをクリックし、「日本
語」を選べばOKです❸。

▲**図4.8**：Unity Hubも日本語化

そうすると日本語表示になります（図4.9）。

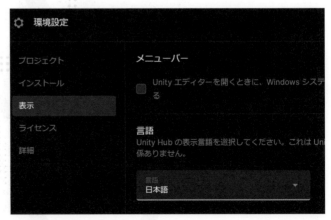

▲**図4.9**：日本語表示になった

Unity IDを入力する

せっかくUnity IDをつくったので、ちゃんとUnity Hubと連携しましょう。左上のボタンを押し（図4.10❶）、「**サインイン**」を押します❷。するとインターネットブラウザが起動し、Unity IDを入力する画面になります。初回起動時にサインイン画面が表示される場合があります。ここでGoogle・Apple・Facebookなど、さっきUnity IDをつくったときに連携したサービス名を選んで、ログインします（**選ばなくてもいいこともあります**。メールで登録した人はメールアドレスとパスワードを入れてください）。

▲**図4.10**：UnityのIDとUnity Hubを連携

あとは❸の「Unity Hubを開く」をクリックすればOK。Unity Hubに戻ると、左上のアイコンが色つきに変わっているはずです（図4.11）。いったんUnity Hubを終了します。

▲**図4.11**：左上のアイコンが変わった。登録した名前によってアイコンの文字は変わる

ダウンロードページを開く

では、いよいよUnity本体をダウンロードしに行きましょう。Unity ダウンロードアーカイブ（図4.12）にアクセスします。

https://unity3d.com/jp/get-unity/download/archive

▲**図4.12**：このページには、過去に出されたUnityの色々なバージョンが置かれている

clusterでワールドをつくるときは、**Unityのバージョンがハッキリ指定**されています。「最新版を使えばOKでしょ？」ではないので注意。

Unityのバージョンについて

　2022年10月現在では「Unity2021.3.4f1」を使うことになっています（https://docs.cluster.mu/creatorkit/installation/install-unity/）。ただ、**clusterで使うUnityのバージョンは、本書が出たときに変わっている可能性もあります。**

▶**図4.13**：cluster公式サイト「Unityの導入」

　上記URLにアクセスするか、（図4.13）のQRコードを読み込んでください。clusterで使うUnityのバージョンがわかります。

▲**図4.14**：本書執筆時点（2022年10月）で使う「Unity 2021.3.4f1」を選ぶとインストール画面が表示される

　バージョンがわかったら、Unityダウンロードアーカイブでバージョンの右側にある「**Unity Hub**」というボタンをクリックしましょう（図4.14）。ブラウザから「Unity Hubを開く」ボタンを押すと、Unity Hubが自動で起動し、インストール画面が表示されます。

入れなければならない機能

　clusterは**スマホでもPCでもVRでもプレイできる**サービスです。多くの環境でプレイできるようにするため、Unityの「Windows」「Mac」「Android」「iOS（iPhone・iPad）」これらの**開発機能を全部Unityに入れないとワールドはつくれません。**ですからインストール中に（図4.15）の画面が出てきたら、その下の表にあるように、もともとチェックが入っている開発者ツールに加えて、Android、iOS、2つのプラットフォームに必ずチェックを入れます❶。

　さらにWindows／macOSのBuild Supportにもチェックを入れてください。ややこしいですが、WindowsならMacを追加、MacならWindowsを追加します❸。

　そしてもう1つ、言語パック（プレビュー）の日本語にもチェックを入れます❹。Unityを日本語化するときに必要になります。あとは右下の「**次へ**」をクリックすればインストールが進んでいきます❺。終わったら、いよいよUnityを起動しましょう。

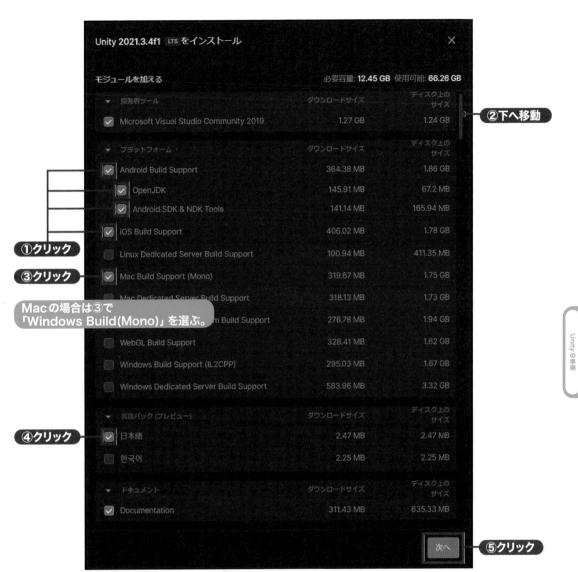

▲図4.15：各項目にチェックを入れる

開発者ツール	Microsoft Visual Studio Community 2019（Windowsでつくる場合）
	Visual Studio for Mac（macOSでつくる場合）
プラットフォーム	Android Build Support（OpenJDKとAndroid SDK & NDK Toolsも）
	iOS Build Support
	Mac Build Support (Mono)（Windowsでつくる場合）
	Windows Build Support (Mono)（macOSでつくる場合）
言語パック（プレビュー）	日本語
ドキュメント	Documentation

▲Unityのインストール時に加えるモジュール

4-3 サンプルプロジェクトを入れる

本書のサンプルプロジェクトは翔泳社のサイト、

https://www.shoeisha.co.jp/book/download/9784798177663

からダウンロードしてください。

展開（解凍）する

zipファイルの展開（解凍）方法は皆さんご存じと思いますが、Windowsの場合だけカンタンに説明します。

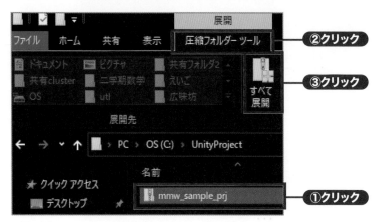

▲**図4.16**：Windowsでの基本的な解凍方法。②は不要なことも

一番カンタンなのは、ダウンロードされたファイルを「エクスプローラ」などで表示し、右上あたりにある「すべて展開」をクリックすることです（図4.16❶❷❸）。解凍ソフトなどをインストール済の人はそちらを使って解凍してください（ソフトによってはエクスプローラから「すべて展開」を消してしまうものもあります）。

 MEMO

> このとき、「デスクトップ」に展開してしまうと、clusterへのアップロードが上手くいかないという人もいるようです。どこか**デスクトップ以外にUnity用のフォルダをつくって、そこに展開**するといいでしょう（図4.17）。
>
>
>
> ▲**図4.17**：C:\UnityProjectというフォルダをつくり、展開してみた例

URLのリストを活用する

サンプルプロジェクトと同じ場所から「mmw_furoku.zip」というデータもダウンロードできます。これを解凍すると、本書で出てくる各種URLのリストも入っています。

本書に書いてある**URLを手で入力すると大変ですから**、URLのリストを上手く活用してください。

MEMO このzipファイルの中には、本書で使用するサンプルプロジェクトのファイルや「URLのリスト」の他に「原稿を書き終わった後、clusterで起きたこと。」という記事や、発展的なワールド作成について記した「特別追加記事」、「ワールド作成アイデア集」、「ワールド作成テクニック集」なども入っています。本書を読み終わった後、ぜひご覧ください。

Unityで開こう

では、展開した「**サンプルプロジェクト**」をUnityで開きましょう。

▲**図4.18**：Unity Hubへのサンプルプロジェクトの追加方法

まずは**Unity Hub**を開きます。そして「プロジェクト」を選び（図4.18❶）、右上の「開く」のヨコの三角形マークをクリックし❷、「ディスクから加える」を選択❸。先ほど解凍したサンプルプロジェクトがあるフォルダを指定してください。

なお「サンプルプロジェクト」を開くと、初回は自動的にclusterのワールド開発に必要な**「CCK (Cluster Creators Kit)」がネットからダウンロードされる**ようになっています。このときに少し時間がかかるので、お待ちください。

サンプルプロジェクトの中身

さあ、サンプルプロジェクトが開いたでしょうか？　もし通信許可を求められた場合は許可してください。一方、Unityのバージョンアップを求められた場合は「Skip new version」をクリックします。2022年10月現在、clusterではUnityのバージョンが2021.3.4f1と決まっているからですね。

とりあえず**英語ばっかりですが、これは次の節ですぐに日本語に変えます**から安心してください。

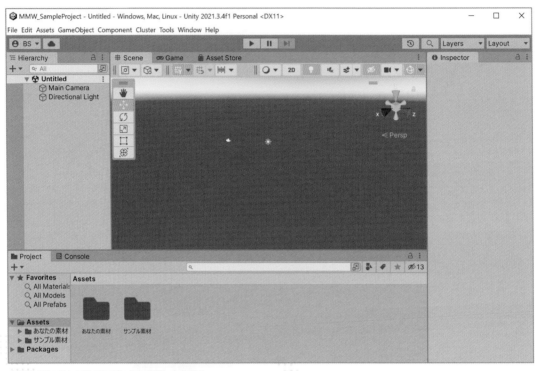

▲**図4.19**：サンプルプロジェクトを開いたところ

なお、「**Project（プロジェクト）**」には「**あなたの素材**」と「**サンプル素材**」というフォルダがあります（図4.19）。このうち、「**サンプル素材**」の中に色々とデータが入っています。

最初は「**シーン**」というフォルダが大事です。第5章からの説明は、このフォルダに入っているシーンデータを開くことからスタートしていきます。他のところに何が入っているかは、これからゆっくり見ていきましょう。

素材の場所の表記について

「サンプル素材／マテリアル／基本の色／mat_単色_白」を使ってください、と毎回長々と書いたら、**わずらわしい**ですよね……。

そのため、本書では「**サンプル素材**」というフォルダ名の部分は基本的に書きません。「マテリアル／基本の色」の「mat_単色_白」を使ってください、という感じで書きます。

4-4 Unityを日本語表示にしよう

さて、無事Unityは起動したでしょうか？　たぶん、（図4.20）のように**英語だらけの状態ですよね**
……（日本語で表示されていたら、このページの作業は必要ありません）。

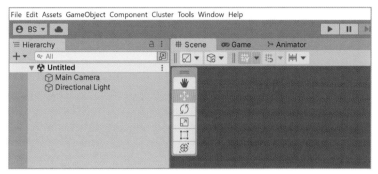

▲**図4.20**：英語ばかりのUnity

でもUnityは**カンペキではないですが、日本語表示に対**
応しています。かなりの部分が日本語になるので、特に英
語がニガテな人にとっては助けになるはずです。

メニューから**Edit**をクリックし、**Preferences**をク
リックします（図4.21**❶❷**）。そして**Languages**をク
リックしましょう**❸**。**Editor Languages**を選び、「**日本**
語 (Experimental)」をクリックします**❹**。

▲**図4.21**：日本語にしていく

するとしばらく待ち時間があり……あらためて表示された画面は、日本語表示（図4.22）。これなら**だいぶわかりやすいですね。**もし日本語表示になっていなかった場合はUnityを再起動してみてください。

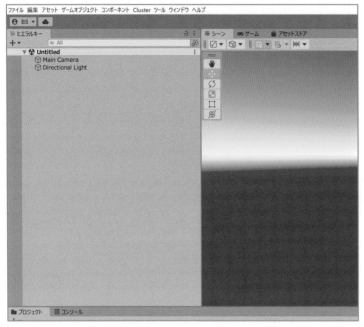

▲**図4.22**：かなりの部分が日本語になった

　ただ、これからワールド作成をはじめるとわかることですが、**英語のままのところも結構あります。**英語がニガテな人にとってはキツいかもしれませんが、ざっくり名前をおぼえておけばいいので大丈夫です。

 MEMO　例えば**Transformなら「トラなんとか」**くらいにおぼえておけば大丈夫です。また、ハコをつくったときに「Cube」という名前になっていたら「ハコ」に名前を変えるなど、**変えられるものは自分で日本語にしてしまいましょう。**

4-5　すませておいたほうがいい設定

さて、いよいよUnityの作業を開始したいところですが、その前にもう少しだけ……。

モノ（オブジェクト）が中央につくられるようにする

メニュー：「**編集**」－「**環境設定**」から「**シーンビュー**」を選びます（図4.23 **❶❷❸**）。そして「**原点で
オブジェクトを作成**」にチェックを入れておきましょう**❹**。

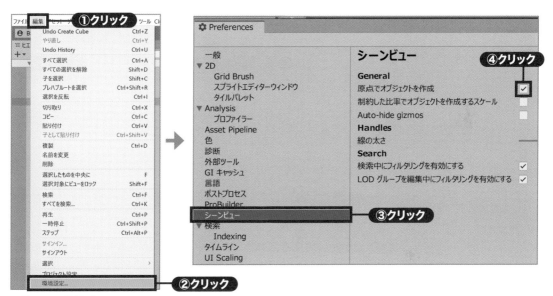

▲**図4.23**：環境設定をしていく

✓CHECK

初期設定では、「**シーン**」の真ん中あたりにモノがつくられるようになっています。しかし図4.24
の画像にあるように、**パッと見にはよさそうな位置でも、実はトンでもない位置になっていること
もあるのです……**。今回設定したように、原点（X0 Y0 Z0）にオブジェクトがつくられるほうが
無難だと思います。

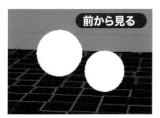
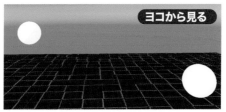

▲**図4.24**：近くにモノを置いたつもりが、アレ……？ なんてことは多い

Unity の準備　04

137

テクスチャが圧縮されないようにする

　メニュー：「編集」−「環境設定」から「Asset Pipeline」を選びます（図4.25❶❷❸）。「インポート時にテクスチャを圧縮」をOFFにしておきましょう❹（最初からOFFになっていたら、そのままでいいです）。

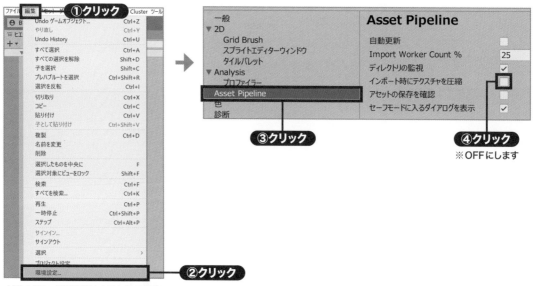

▲図4.25：処理を軽くするための設定

　この設定が**ONだと、大きなアセット（素材）を入れるたびにかなり時間がかかります**。特に性能がキビシイパソコンではOFFにしておいたほうがいいでしょう（ONにすればハードディスク・SSDのスペースを節約できますが、それよりは動作が軽いほうがいいですよね……）。

MEMO

ただしワールドアップロードをするときは、この設定をONにしたほうが容量は小さくなりやすいです。ひと通りワールドが完成した後は、ONに戻してもよいでしょう。

4-6 Unityの基本操作を少しチェック

Unityでまず大事なのは、この3つだと思います。

- 視点を動かす
- ウィンドウの名前と役割をおぼえる
- モノを選び、動かす

練習のために、まず「**シーン**」フォルダの中にある、「**シーン4シーン操作練習用**」を開いてください。「サンプル素材」の左にある三角形ボタンをクリックし（図4.26❶）、「シーン」をクリックし❷、「シーン4シーン操作練習用」をダブルクリックします❸。

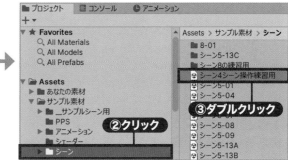

▲**図4.26**：操作の練習用のシーンを開く

✓ CHECK

もしダブルクリックがニガテなら、代わりに「**シーン4シーン操作練習用**」を**右クリック**し、「**開く**」というのを選んでも構いません（図4.27）。

▶**図4.27**：ダブルクリックをせずに右クリックから開いてもOK

Unityの準備 04

139

視点の操作

　メタバースは3Dの世界です。**3Dの場合、全部の方向を一度に見ることはできませんから「視点の操作」ができないとワールドをつくれませんね**。基本は**右ボタンを押したままマウスを動かす**だけで大丈夫です（図4.28）。「シーン」に表示されている画面がグルグルと回転します。これはclusterをやっているときと同じですね。

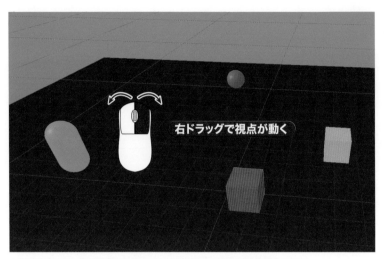

▲**図4.28**：右ボタンを押したままマウスを動かす、これが視点操作の基本

　また、マウスの**中ボタン（ホイール）を回すとズームイン・ズームアウト**が可能です（図4.29）。これもclusterをプレイしているときと同じ。さらにこの**中ボタンを押しながらマウスを動かすと、視点が上下左右に移動**します。

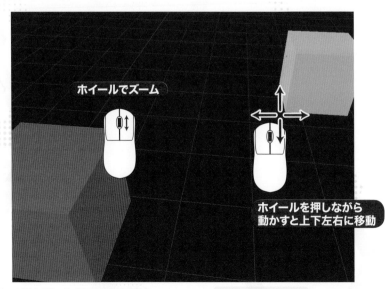

▲**図4.29**：中ボタンでの視点操作

さらに**マウスの右ボタンを押しながらキーボードの[W][A][S][D]で視点を前後左右に**動かすこともできます（キーボードを見れば、WASDがどういう意味なのかすぐわかるはずです）（図4.30）も見てください。

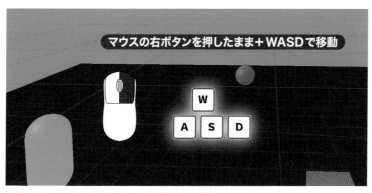

▲**図4.30**：ワールド探索のように直感的な視線移動

ウィンドウの名前と役割

Unityの画面の中には、いくつかの「ウィンドウ」があります。この並び方は自由に変えられるのですが、最初はだいたいこんな形になっているはずです（図4.31）。

▲**図4.31**：変わった名前だが、全部おぼえよう

ここで「**シーン**」はわかりやすいですね。いまつくっているワールドの中身が表示されているわけです。**それ以外の、3つのウィンドウがポイント**になります。

プロジェクト

　画像や音や3Dモデルなどのデータが入っています（図4.32）。あなたが入れたサンプルプロジェクトのフォルダの中身が見えているはずです。

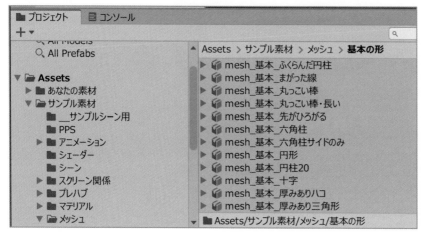

▲**図4.32**：プロジェクトには色々なデータが入っている

ヒエラルキー

　ヒエラルキーはワールドに置いてある**モノの一覧**です（図4.33）。「**シーン**」からモノを選ぶのは直感的でわかりやすいですが、ヒエラルキーからでないと選びにくいこともあるので上手く使い分けましょう。

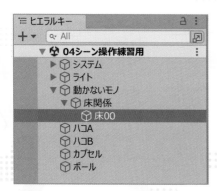

▲**図4.33**：ワールドに置いてあるモノを選ぶときに使いやすい

　またヒエラルキーでは「**親子関係**」もつくることができます。この画像だと「動かないモノ」の子に「床関係」があり、さらにその子に「床00」がありますね。「親子関係」は【5-9　置いたモノを整理しよう（親子関係）】でもっとしっかり説明します。

インスペクター

選んでいるモノの情報を表示します（図4.34）。位置や回転の数値から、色や模様、そして6章に出てくる「アイテム」としての情報まで表示されます。

▲**図4.34**：選んだモノの情報が色々と出てくる

ウィンドウが見つからなくなったら？

操作ミスなどで、いつも表示しているウィンドウが見つからなくなることもあります。そのときはメニュー：「**ウィンドウ**」－「**レイアウト**」から「**デフォルト**」を選ぶといいでしょう（図4.35❶❷❸）。

▲**図4.35**：最初の状態に戻すにはここを選ぶ

操作したいモノを選び、動かす

ワールドにモノを置いた後、それを**好きな場所に動かしたり、場合によっては消したり**するのも基本ですね。練習で、オレンジ色のハコを動かしてみましょう。まず選ぶのは普通に「**シーン**」で**オレンジ色のハコ（ハコA）を左クリック**すればOKです（図4.36）。ただモノが多いワールドだと、「**ヒエラルキー**」から選んだほうがラクかもしれません。

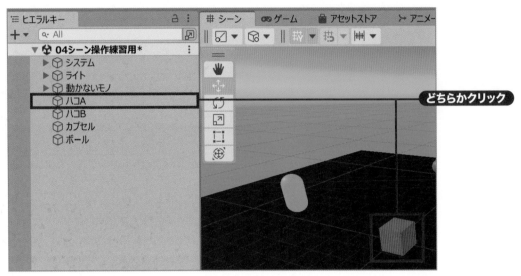

▲**図4.36**：モノを選ぶのは、ヒエラルキーからでも、シーンからでもOK

さてオレンジのハコを選べたでしょうか。そうしたら、（図4.37❶）のところをクリックしてください。矢印が出るはずです。あとは、**矢印をマウスでドラッグして動かせばハコを動かせる**はずです❷。

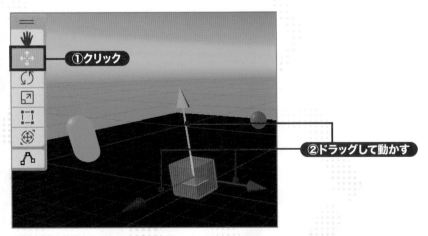

▲**図4.37**：移動させるための3色の矢印

また、「**ヒエラルキー**」からモノを右クリックして「削除」でアイテムを消せます（図4.38**❶❷**）！ メニュー：「**編集**」－「**削除**」でも同じように消せますし、[**Delete**] キーを押してもいいです。

▲図4.38：モノを消すにはこうする

MEMO 間違って消した場合、間違って動かした場合は [**Ctrl**] + [**Z**] を押すか、メニュー：「**編集**」－「**Undo**［前回行った操作名］」を選んでください（一番上にあります）。「Undo History」でもいいですが、こちらは操作の意味が少し理解しづらいので割愛します。

なんだかよくわからないことになっちゃった……という場合は一度Unityを閉じて、出てきたウィンドウで「**保存しない**」を選んでから**もう一度Unityを起動**すればOK。うっかり保存しちゃった場合でも、**配布のサンプルプロジェクトをもう一度入れれば**最初からやり直せます。

グローバルとローカル

今度は**回転**させてみましょう。いちおうオレンジ色のハコAをもう一度選んでから、「**回転ツール**」のボタンをクリックします（図4.39**❶❷**）。あとは3色の円の**どれかをマウスでドラッグして動かして**ください**❸**。ハコが回転しましたね。

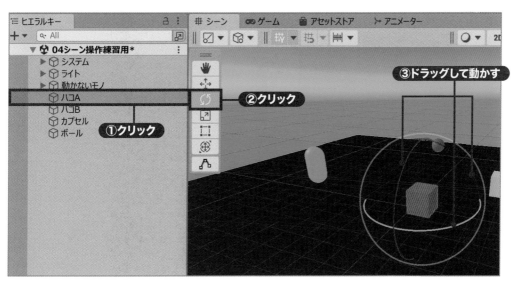

▲図4.39：回転ツール

その後で「**移動ツール**」を選ぶと……矢印の向きが変わっていると思います（図4.40）。このように**回転させると移動の向きが変わる**、これを「**ローカル**」の移動といいます。

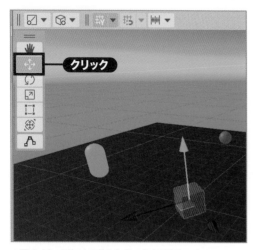

▲**図4.40**：回転する前と矢印の向きが変わった

では、（図4.41 **❶**）をクリックし、「**グローバル**」を選んでください**❷**。矢印の向きが最初と同じですね。前後上下左右にまっすぐ動かせます。

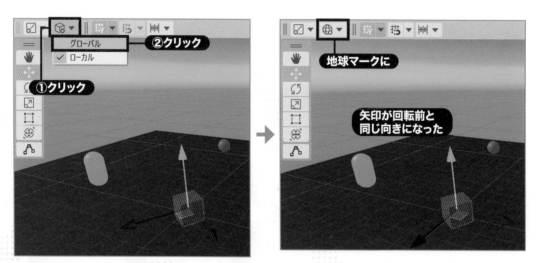

▲**図4.41**：ローカルとグローバルの選択

この「**ローカル**」「**グローバル**」の移動を上手く使い分けてください。初心者のうちは、「グローバル」のほうがわかりやすいことが多いと思います。

MEMO　グローバルとローカルのもう少し詳しい意味は、【5-9　置いたモノを整理しよう（親子関係）】で見ます。

注視点によるトラブル

ワールドをつくっているとき、「**ズームイン・アウトがなぜかほんの少しずつしかできない……**」という現象が起きることがあります。これは「**注視点**」がおかしくなっているからです。どこを中心に見ているか、ということですね。こういうときは**モノを何か1つ選んで、キーボードの [F]** を押してみましょう。「注視点」が変わって、操作しやすくなるはずです。

操作に関係するPC用語もちょっとチェック

PCに慣れていない人のために、PC用語もちょっとだけ説明します。

ドラッグ&ドロップ

何かにマウスポインタを当て、ボタンを押したまま、離さずにマウスを動かすことを「**ドラッグ**」といいます。そして離すと、「**ドロップ**」になります。モノをどこかに動かすときによく使います。

ウィンドウ

色々な情報が表示されている四角のワクです。窓みたいな形なのでウィンドウといいます。**右上に「×」ボタンがあるものは、そのボタンをクリックすると閉じることができます。**

タブ

Unityは非常に多くのウィンドウがあり、常に全部表示しているとスペースが足りなくなってしまいます。なので、(図4.42) のような形で複数のウィンドウを重ねて表示しているのです。

この場合、「**シーン**」「**ゲーム**」「**アセットストア**」と書かれた出っぱりをクリックすると表示が切り替わります。こういう表示方法 (や出っぱり部分そのもの) を「**タブ**」といいます。

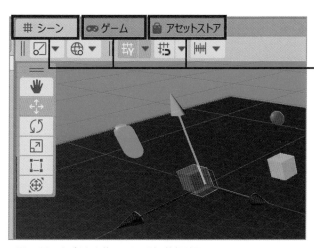

▲**図4.42**：タブを切り換えると、別の情報が見える

4-7 できること、できないことをチェックしよう

C#のスクリプトは使えません

Unityでゲームをつくるとき、フツーはC#スクリプトを使います。要するにプログラムですね（図4.43）。

```
public class NewBehaviourScript : MonoBehaviour
{
    // Start is called before the first frame update
    void Start()
    {

    }

    // Update is called once per frame
    void Update()
    {

    }
}
```

▲**図4.43**：C#スクリプトの例

しかし、clusterでは2022年10月現在、**CCK（Cluster Creator Kit）**というものを使っていて、プログラムを書く必要はありません。CCKはプログラムを書かなくても、

- **「モノがぶつかった」→「音を鳴らす」**
- **「ボタンを押した」→「モノを動かす」**

のような組み合わせでワールドをつくっていけるシステムだからです。

第6章からしっかり説明していくので、CCKを使いこなせるようになってくださいね。

リアルタイムの影は出ません

3Dゲームでは、プレイヤーのいるところの地面には影が出ますよね（図4.44左）。敵や武器なども影が出ますし、移動すればリアルタイムで影が動きます。しかしclusterではリアルタイムの影は表示されません（図4.44右）。**影というのは実はとても重い処理なので、OFFにされているのです。**clusterは**何十人ものアバター**を同時に表示することもあるアプリですからね……。

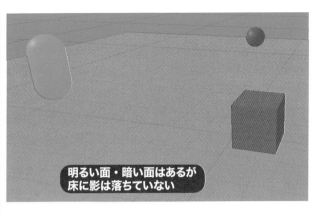

ハコや人の影が落ちている

明るい面・暗い面はあるが
床に影は落ちていない

▲**図4.44**：左：リアルタイムに表示される影の例。右：clusterの、明るい面と暗い面だけの表現

　ただし、（図4.44）の右のハコのように、**明るい面と暗い面のある表現は可能**です。また建物や壁など動かないものなら、影を「**ベイク**」することもできます。特に暗めのエモい系ワールドで有効です（図4.45）。

▲**図4.45**：「**ベイク**」したワールドの例。【7-1　ライトを「ベイク」してみよう】で解説

動くモノがぶつかり合うワールドは不向き

　clusterはマルチプレイ、何人も集まっていっしょに遊べるアプリです。なので、どうしても「同期」の問題が発生します。ネットの通信速度には限界があるので、他のプレイヤーやモノの動きがカクカクしてしまうことがあるんですね。

　このため、動くモノがぶつかりあうワールド（例えば他のプレイヤーがボールを投げて自分がバットで打ち返す、など）はあまりオススメできません。「いまタイミング合ってたのにバットに当たらなかった」みたいなことが発生します……。

MEMO

ただ「Owner」についてしっかり理解すれば、1人プレイ用のゲームで動くモノのぶつかりあいを上手く使うこともできます。【1-4　clusterのワールドやイベントを紹介】で紹介したメダルゲームなどは、1人プレイで動くモノ同士を使っているよい例ですね。

4-8 できればあるといいソフト

clusterのワールド作成は「Unity」さえあれば可能です。ただ、実際には**以下のようなソフトやデータを用意しておくとワールドやイベントの作成がスムーズになる**でしょう。

フリーフォント

シーンの中に説明を置きたい人、サムネイルや画像にテキストを書き込みたい人、ゲームワールドでかっこよくパラメータを表示したい人、**使いやすいフリーフォントがあるとグッと印象が変わりますよ**（図4.46）。

M+1P　源真ゴシックP　源ノ明朝

M+1P　源真ゴシックP　源ノ明朝

M+1P　源真ゴシックP　源ノ明朝

M+1P　源真ゴシックP　源ノ明朝

M+1P	https://fonts.google.com/specimen/M+PLUS+1p?subset=japanese
源真ゴシック	http://jikasei.me/font/genshin/
源ノ明朝	https://github.com/adobe-fonts/source-han-serif/blob/master/README-JP.md （リンク先の「最終リリース」をクリック。「TTF」内の「日本語」の「TTF」を選ぶ）

▲**図4.46：**使いやすいフリーフォント３種

これらのフォントは**太さの違いも多く**そろっており、ワールドそのものにフォントを組み込んで使える（ソフトウェアへの組み込みが可能な）ライセンスなので便利です。

MEMO

ワールドの中で直接使わなくても、サムネイル画像に活用するだけでグッと雰囲気がよくなりますよ。

画像編集ソフト

　PhotoShop、Affinity Photo、CLIP STUDIO PAINT、Krita などの**画像編集ソフトも1つは欲しい**です（図4.47）。

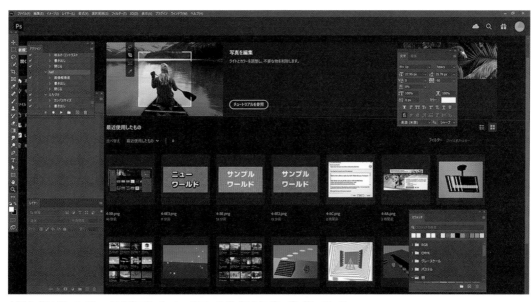

▲**図4.47**：PhotoShopは本書でもclusterのワールドづくりにガンガン使っている

　Unityには無料データ・有料データどちらも大量にそろっている「Unityアセットストア」があります。なので3Dモデルに貼られている「テクスチャ」も非常に豊富です。ただ、そこで入手してきた「テクスチャ」も完全にお気に入りのものがあるとは限りません。**色を変えたい、明るくしたい・暗くしたい、少しだけ模様を増やしたい、文字を入れたい**、そんな欲求は多いはずです。なので、画像編集ソフトはできるだけ用意しましょう。

　高価なソフトはなかなかキツいという人でも、無料ソフトのKritaなどはオススメですよ（図4.48 ❶❷）。

https://krita.org/jp/

▲**図4.48**：Krita公式ページからダウンロードする手順

3Dソフト Blender

メタバースの世界は3Dの世界です。そのため、自分の完全オリジナルの3Dモデルをつくりたいとなると「モデリングソフト」を使うしかありません。モデリングソフトで**最も有名で完全無料なのが、Blender**というソフトです（図4.49）。プロのモデラーの人にも使われています。

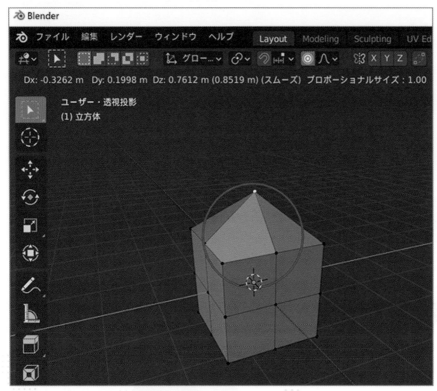

▲**図4.49**：Blenderは無料なのに高機能

とはいえ**画像編集ソフトと比べてもハードルはだいぶ高い**です。「Unityアセットストア」や本書のサンプルプロジェクトなどの3Dモデルを配置するだけでも十分よいワールドはつくれますので、最初はそれで問題ないかもしれません。しかし、もともと3Dモデリングに興味を持っていた方や、「この部屋のモデルのカーテンだけ少し長くしたいな……」みたいな**微調整だけでもやってみたい人は、ぜひトライ**してみてください。

4-9 ワールド作成のコツと心構え

この節は、ざっと読むだけでも構いません。でもあとで戻ってきて読むと、わかるものがあるかも!?

ワールドはコンパクトで作業の少ないものから

「メタバースの世界でがんばるぞ」と気合いが入っているあなたは、きっと壮大なワールドのイメージを持っていらっしゃるでしょう。しかし、**最初はコンパクトなワールド、練習感覚のワールドからは**じめたほうがいいです（図4.50）。

Unityに慣れている人でも、clusterでのワールドづくりで「引っかかる」ポイントは色々あります。まして**初心者であれば、いきなり大きなワールドに挑戦してしまうとかなり苦労**するはずです。

▲**図4.50**：これくらいシンプルにスタート

どんな世界でも同じですが、「**まず小さめにつくって成功体験を積む**」ことが大事です。「**私はメタバースにワールドを1つつくったんだぞ**」という気持ちを胸に、その次はもうちょっとだけフクザツなワールドをつくっていく。くり返していくうちに、すごいワールドもつくれるようになっていきます。

この気持ちが大事です。また、3章で解説した**「ワールドクラフト」で十分に練習してからUnity**でのワールドづくりにいくのもよいですね。

コンパクトにする例

とにかくコンパクトにいきましょう（図4.51、図4.52）。

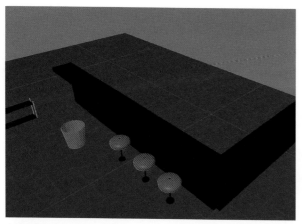
▲図4.51：「バーみたいなワールド」もラフな感じからはじめよう

- **ライブハウスみたいなワールドをつくるぞ！**
  - ➡ まずは音楽が流れてキラキラしたものが飛んでいるワールドから……
- **個展みたいなワールドをつくるぞ！**
  - ➡ まずは自分の描いた絵が2〜3枚表示されて、説明書きがあるワールドから……
- **動物園みたいなワールドをつくるぞ！**
  - ➡ アセットストアで入手した動物モデルと、木のモデルがいくつか床に配置されたワールドから……
- **RPGのゲームワールドをつくるぞ！**
  - ➡ まずは的当てゲームから……
- **自分の理想の家をつくるぞ！**
  - ➡ 床の上にテーブルとイスがあって、イスにすわれるワールドから……
- **自分たちの学校を再現するぞ！**
  - ➡ まずは教室1つだけとか、建物1つの外観＋外の木や道とかから……

▲ こんなコンパクト化が大事

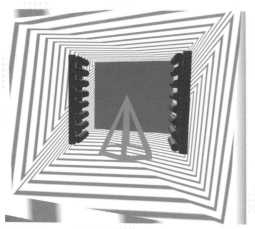
▲図4.52：コンパクトでも、フシギな感じでまとめると独特のムードが出る!?

アセットストアは作業を減らしてくれる！

さまざまなモデル、音楽、効果音、エフェクトなどが有料・無料で置いてある「**Unity アセットストア**」（図4.53）。これは本当に便利なので、しっかりと活用して作業量を減らしていきましょう。詳しくは【5-11　アセットストアで入手したアセットを使おう】で解説します。

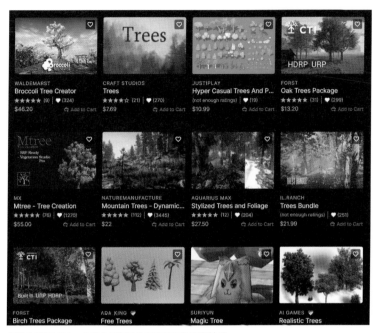

▲**図4.53**：アセットストアにはものすごい数の素材が

「つくり込まれた建物のモデル」などは、それを置くだけでとても雰囲気のあるワールドになることもあります。**作業的にはコンパクトなワールドとあまり変わらないのに、すごくよいワールドになってしまうかもしれませんよ。**

とはいえ、フツーに置くだけでは「重い」ワールドになってしまうこともありますから、軽量化などの一手間を加えたいところです。ただ**軽量化はハイレベル**な内容なので、慣れてきてからの挑戦でもいいでしょう。

MEMO

どうしても英語名のアセットが多いですし、中高生では買うときのハードルも高いですよね。でも**本書にはサンプルプロジェクトに素材がかなり多く入っています**し、「BOOTH」などのサイトではcluster用の無料・有料アイテムを配布している日本人の方もいます。アセットストアからアセットを入手する自信がまだない、という人でも心配しなくて大丈夫ですよ。

どこがあなたの力を入れたいポイントなのか?

　ワールドをつくっていくとき、特に初心者のうちは「**どこに力を入れたいのか**」、逆にいえば「**どこは作業量を減らしていいのか**」を考えるのが大事です (図4.54)。はじめからなんでも全力、オリジナル要素盛りだくさんでいくと、いつまでたってもワールドが完成しません。

▲**図4.54**：例えば音楽系ワールドなら、音楽以外は本書にも入っているキラキラパーティクルを置くだけでいいのかも!?

　自分の音楽なのか、自分の絵なのか、自分でつくった3Dモデルなのか、3Dモデルを並べたり色バランスを考えたりするセンスなのか、キラキラ光った演出なのか、ストーリー性なのか、ゲームのルールなのか……。**力を入れたいポイントにエネルギーを注げるように、他の部分は「いい意味で手抜き」**してつくっていくこともおぼえておきましょう。

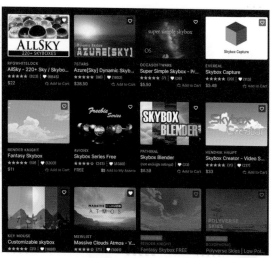

▲**図4.55**：どんな空にするのかを選ぶだけでも、リッパな創作

　「これ、○○以外でオレがやったのはアセット置いただけなんだよな……」というのも全然OKなんです。**置くモノを選ぶことも、十分創作**です (図4.55)。

単純な形の組み合わせ、想像力は大事！

　簡易ワールド作成機能の「ワールドクラフト」を見ていると、Unityよりも自由度は低いはずなのに、とんでもなくスゴい発想で使いこなす人がいます。【3-5　細かいテクニック】でも見ましたね。Unityでつくるときもこういう発想は大事です。**シンプルなモデルでも、向きやサイズを変えるだけで全く見え方が変わる**ことはしばしば。さらに「テクスチャ」を変えたり、「マテリアル」を変えたりすることでも大きく雰囲気は変わります（図4.56）。

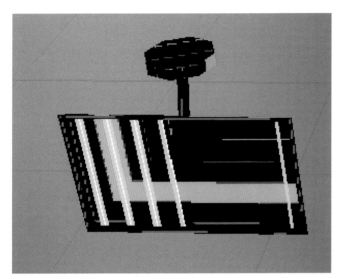

▲図4.56：「ディスプレイ（画面）」を逆さまに置いて、変わった「マテリアル」を付けてみた。かなり雰囲気が変わる

　「アセットストア」で入手したアセットをただ使うだけでなく、**「一部だけ手を加えて元と変える」「単純な形のモデルを使って上手く演出」**なんてこともワールド作成では大事なテクニックです。特に中高生など、お財布事情がキビシイ人たちは無料のモデルをどう自分なりに活かすかも勝負どころですよ。

▲図4.57：ワールドをつくった後、そこでイベントを開くのはclusterの醍醐味の1つ

05 Unityワールド
作成の基本

Unityワールド作成の基本

5章

CHAPTER
05

いよいよ本番。Unityを使ったワールド作成を行っていきます。この章では**ワールドに色々モノを置いていくだけ**の内容が多いですが、「**マテリアル**」を変えたり「**パーティクル**」を上手く使ったりすると、それだけでも魅力的なワールドがつくれることがわかるはずです。

5-1　まずハコだけ置いて、テストプレイしよう

サンプルシーンを開き、プレイしてみる

　では、サンプルシーンを開きましょう。「**シーン**」フォルダの中にある、「**シーン5-01**」を開いてください（図5.1）。シーンの開き方を忘れた方は、【4-6　Unityの基本操作を少しチェック】に書いてあります。

> ✏️ **MEMO**　【4-3　サンプルプロジェクトを入れる】でも書いた通り、「サンプル素材/シーン」のようなフォルダ表記は省略して「シーン」だけ書きます。

　ただ床が置いてあるだけです。しかしここで（図5.1）の赤色の枠で示した**再生ボタンをクリックする**と……床の上を、**clusterと同じ操作で歩きまわる**ことができます。

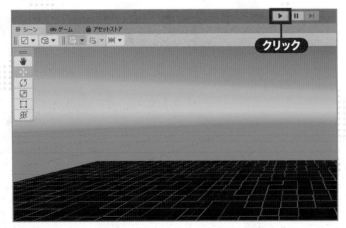

▲**図5.1**：ただの床……

ハコを置いていく

では、再生ボタンをもう一度クリックしてプレイを止め、ハコを置いてみましょう。

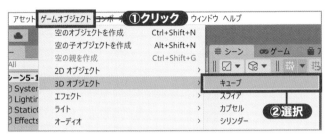
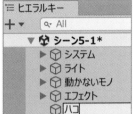

▲**図5.2**：ハコのつくり方

メニューから**「ゲームオブジェクト」－「3Dオブジェクト」－「キューブ」**を選んでください（図5.2❶❷）。Cubeというモノがつくられ、名前の変更もできます。

 MEMO
アイテムをつくったときは、名前を変えることができます。（図5.2）のように、Cubeから「ハコ」に変えるとわかりやすいでしょう。

すると、ハコが1つ出てきたはずです（図5.3）。

つづけて、インスペクターの**Transform**の数字を変更してみましょう。**「位置」を全部1**にします（図5.4❶）。また、❷のところをクリックすれば**名前はあとからでも変えられます。**

これでハコが床の上に来ているはずです。あるいは、ハコの近くにある緑色の矢印をクリックし、上に動かしても構いませんよ。

 MEMO
もしハコを見失ってしまったら、視点を変えて探してください。操作方法がわからなくなったら【4-6　Unityの基本操作を少しチェック】に戻ってチェックしましょう。

再生ボタンを押してみましょう。たしかに、ハコがありますよね。しかも**ハコにぶつかるとそっちに進めません。**ちゃんとした（？）ハコです。

▲**図5.3**：ちょっと床に埋まっているようですが……

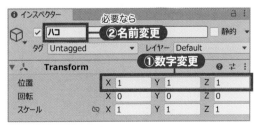

▲**図5.4**：位置を全部「1」に

> **! POINT** この「ハコ」や最初から置いてある「床」のように、画面に出ているモノの1つ1つを「オブジェクト (Object)」と呼びます。オブジェクトはモノという意味ですね。

マテリアル（見た目の設定）を変更してみよう

　ただ、このままでは見た目が面白くありません。**マテリアル（見た目の設定）を変更**します。サンプルプロジェクトには、私のつくったマテリアルをかなりたくさん入れています。変更するには、**Mesh Renderer**の「**マテリアル**」の設定を変えます。

　まず「Materials」のところに「**要素0**」というのが出ていない場合、赤でかこった三角形マークをクリックしてください（図5.5**❶**）。では、「要素0」の右のほう、**丸い小さいボタンをクリックしましょう❷**。するとウィンドウが出ます。とりあえず「**mat_UVうごく_緑ノイズ**」を選んでみましょう（図5.6）。白かったハコが緑っぽくなりましたね。しかも**再生ボタンをクリックすると、模様が動いています**。このように、マテリアルを変更すると**見た目を大きく変える**ことができます。

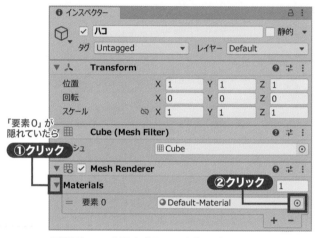

▲**図5.5**：ハコを選び、「インスペクター」を見る

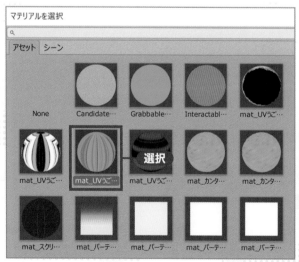

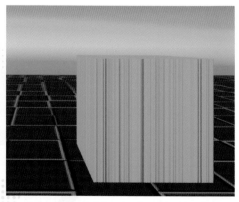

▲**図5.6**：「mat_UVうごく_緑ノイズ」は上のほうにある。表示されていなかったら、[PageUp] キーやマウスの中ボタン（ホイール）などで上にスクロール

リアル系の雰囲気を目指すか、非リアル系か？

　マテリアルは色々あって奥が深いです。大きく分けると、「**リアル系**」「**非リアル系**」になると思っています。リアル系は、有名3Dゲームのようにリアルな影やリアルな模様を出すものです（図5.7）。この本を買った方の中には、「最新の3Dゲームみたいなワールドをつくってみたい」という方がきっといるでしょう。

　ただ、**リアル系を目指すと技術力とお金の差が格段に出やすい**です。お金がある会社がつくるゲームだからこそ、ああいったリアルな画面を出せているともいえます。

 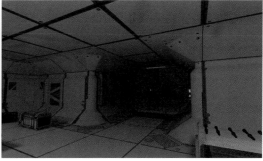

▲**図5.7**：もちろん、clusterでリアル系の精緻なワールドをつくっている人も

　というわけで、**個人や小さなグループでつくるなら、それも初心者がつくるなら、やはり非リアル系から**はじめるほうがいいです（図5.8）。有名ゲーム「マインクラフト」でも、あまりリアルではない単純なブロックを使って面白いゲームができています。第3章の「ワールドクラフト」も、あまりリアル系ではないですが、すごいワールドをつくっている人がいましたよね。

▲**図5.8**：本書のサンプルプロジェクトには、非リアル系で使いやすいマテリアルも

　まずは**非リアル系からスタート**。そしてリアル系を目指したい人は、**ワールド作成に慣れてから挑戦**。これが目標達成に向けた一番早い道だと思います。

MEMO　clusterでは「**リアルタイムの影」が出ないという制限**もあります。何十人ものアバターをスマホでも表示するためですね。そういう点でも、clusterのワールドで超リアル系はやりづらいかもしれません。

なぜ、早めのアップロードが大事なのか?

いまはまだワールドにハコが置いてあるだけですが、この時点で**一度clusterにアップロード**しましょう。もしも、**フクザツなワールドをつくってしまってから「問題があってアップロードできない」と気付いたら**どうしましょうか……?

一体何が原因でアップロードできないのか、**調べるのが大変**です。最悪そこまでの作業がムダになってしまう可能性もあります。そこで、まだシンプルな状態のワールドを早めにアップロードし、上手くできたかを確認することで、**「基本の部分に問題はない」ことがチェックできる**わけですね。

アクセストークンの入手

まずcluster公式サイト(cluster.mu)にアクセス。まだclusterにログインしていない場合はログインしてください。そして右上のアイコンをクリック(図5.9❶)。**「アクセストークン」**をクリックします❷。つづけてCreator Kit トークンのところの**「トークン作成」**ボタンをクリックします❸。

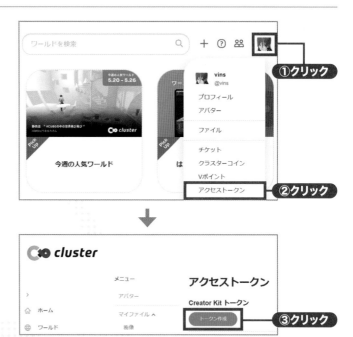

▲**図5.9**:clusterの公式ページの右上

すると(図5.10)のような表示が出てくるので、右のほうにある**コピーボタンをクリックし**❶、**OK**を押しましょう❷。Unityに戻ります。

▲**図5.10**:やたら長い文字が並んでいるが、ボタン一発でコピーできる

アクセストークンの設定

Unityから、メニュー：**「Cluster」－「ワールドアップロード」**を選びましょう。（図5.11）のようなウィンドウが出てきます。「アクセストークンを貼り付けてください」とあるところをクリックし、（図5.10）でコピーしたトークンを貼り付けます。貼り付けはWindowsなら［Ctrl］＋［V］を押すのがラクですね。あとは「**このトークンを使用**」ボタンをクリックすればOKです。

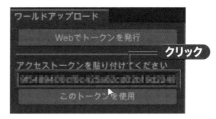

▲**図5.11**：赤いワクのところをクリックし、さきほどコピーしたトークンを「貼り付け」

サムネイル画像と説明を適当に設定

「**新規作成**」ボタンをクリックし新しいワールド設定をつくります（図5.12）。そして「画像の選択」から適当な**サムネイル画像**（ワールド説明用の画像）を選んでください（図5.13❶）。

 MEMO とりあえずは、サンプルプロジェクトの「画像スプライト」フォルダの中にある「テスト」などでいいです。

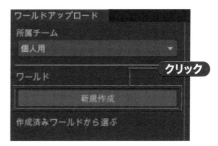

▲**図5.12**：新しいワールド設定をつくるウィンドウ

あとは「ワールド名」も「ワールドの説明」も「テスト」などと書いておけばいいでしょう❷。ワールドをアップロードしてもいまは**他の人に見えない「非公開」なので、何も気にする必要はありません。**設定ができたら、「**変更を保存**」をクリックしておいてください❸。

では「'テスト'としてアップロードする」をクリックしましょう（ワールド名を変えたら「'○○'として」の○○の部分は変わります）❹。確認画面が出たら、さらに「アップロード」をクリックします。

▲**図5.13**：あとでサムネイル画像もワールドの説明も変えられるのでここでは簡単に記入しておく

「アップロード」ボタンをクリックする

そして……**とても時間がかかるので待ちましょう。**かなり速いPCでも、1～2分はかかると思ったほうがいいです。clusterのワールドアップロードは、「Windows」「Mac」「Android」「iPhone・iPad」「VR」などすべてに対応したデータを作成して行われます。そのためとても時間がかかります。ハコが置いてあるだけのワールドでも、そこは変わりません……。

というわけで、「アップロード」ボタンをクリックしたら、**数分から数十分くらいかかるものだと思って放置**しておきましょう。その間はご飯でも食べていてください。フクザツなワールドかつ、あまり早くないPCの場合、寝る前に「アップロード」ボタンをクリックするのもアリですね……。

ただし、**はじまってすぐにエラーで止まることもあるのでそこはチェック。**順調に動いているようであれば、しばらく放置しましょう。

 一度ワールドをアップロードしておくと、次に同じワールドを更新してアップロードするとき**ちょっとスピードが速く**なります。これも早めにワールドアップロードをしておくとよいことの理由の1つですね。

実際に遊んでみる

アップロードが完了したら、clusterで遊んでみましょう（図5.14）。**アップロード完了と同時に自動でワールド一覧のページが表示され、**そこからワールドに入ることができます。上で書いた通り、いまは「非公開」なので特に気を使わずワールドをプレイ可能です。

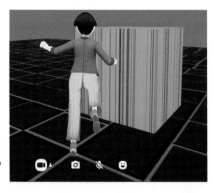

▶図5.14：
ちゃんとアバターで、ハコのあるワールドをプレイできている

公開したいときは？

ワールド一覧から「**公開する**」ボタンをクリックすると、ワールドの「公開」と「非公開」を切り換えることができます。「公開」にすれば、**いよいよあなたのワールドがclusterで公開**されるわけです。ちなみにサムネイル画像とワールドの説明の変更もここからできます。

 cluster公式も、「**単純なワールドでもどんどん公開してください**」といっています。「これじゃつくり込みが足りないかな……？」なんて気にしなくて構いません。

5-3 ハコ（オブジェクト）はどうできているのか

　この節はちょっと難しいかもしれません。しかし、まずは一度読んでみて、わからなくなったときに戻って読み返すようにしてください。

　さて、ハコのあるワールドをつくり、clusterにアップロードすることもできました。【5-1　まずハコだけ置いて、テストプレイしよう】でちょっと書きましたが、**ハコや床など、画面に出ているモノの**1つ1つは「**オブジェクト**」と呼ぶんでしたね。このオブジェクト、どういう組み合わせでできているのか、ちょっと見てみることにしましょう。

位置・回転・スケール（拡大 / 縮小）

　どんなオブジェクトにもあるのが、この位置・回転・サイズなどのデータです。

位置

　まず、このオブジェクトがある「位置」。**XYZという3つ**の位置情報で表現されています（図5.15）。中学・高校の数学の「座標」ではXYという「ヨコ・タテ」の2つまでが多いですが、メタバースは3D空間なのでXYZの「ヨコ・タテ・**奥行き**」がないと表現できないんです。

ヨコ・タテだけではペラペラの
2Dの板にしかならない……

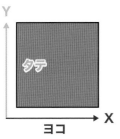

「奥行き」も入って、
はじめて立体の3Dになれる！

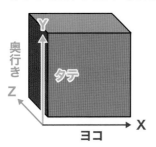

▲図5.15：3Dでは「奥行き」も必要

　このXYZに慣れるまで、人によってはちょっと時間がかかるかもしれません。ここは**3Dゲームをたくさんやっている人のほうが有利かもしれませんね。**

回転

　そして回転です。これも、XYZの3方向に回転することができます。−180度から180度まであります。グルグル回している間に「なんかよくわからなくなったぞ!?」ってなることもあるので、**混乱したら回転の数値を全部0に戻しましょう。**

スケール（拡大/縮小）。これはわかりやすいと思います。**ハコを伸ばして棒**のような形にしたり、**薄くして板**のような形にしたりすることもできます（図5.16）。

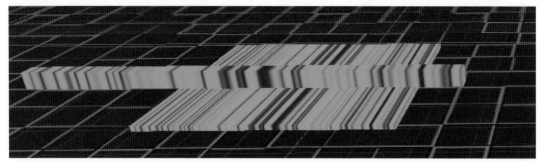

▲**図5.16**：スケール（拡大/縮小）のアイデアによって表現が広がる

メッシュ

3Dの世界は、基本的に三角形の組み合わせでできています。この三角形の組み合わせを「**メッシュ (Mesh)**」といいます。例えばハコも、12個の三角形でできているメッシュです（図5.17）。複雑な建物やアバターになってくると何万もの三角形を使っていることもあります。

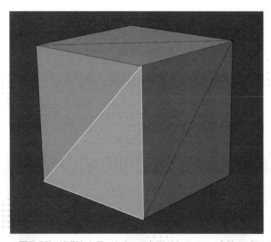

▲**図5.17**：逆側から見ても6つ三角形があるので、合計12個の三角形

本書のサンプルプロジェクトには**「単純な形だけど、あると結構使いやすい」メッシュをたくさん入れています**ので活用してみてください（もちろん3Dが得意な人は、もっとすごいメッシュをどんどん自作してワールドに使っていってください）。

マテリアル（見た目の設定）

マテリアルは「**見た目の設定**」です。ただこのマテリアルというのは、相当多くのネタが入っているんです（図5.18）。ですので、後の章にも分けてちょっとずつ説明していきます。

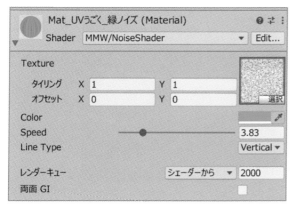

▲**図5.18**：なんだかよくわからない設定だが、いまは理解しなくて全然問題ない

ここで説明するのは、「**テクスチャ**」と「**シェーダー**」の基本です。

テクスチャ（画像）

テクスチャというのは、要するに**画像**。例えばただのハコでも、（図5.19）のような画像を貼り付けてサイズを調整すれば、**本みたいに見えます**よね。

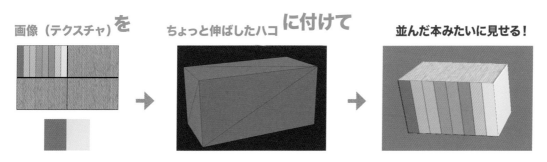

画像（テクスチャ）**を**　ちょっと伸ばしたハコ**に付けて**　並んだ本みたいに見せる！

▲**図5.19**：テクスチャをメッシュに付ける例

テクスチャは**大きい画像に細かく描き込めばリアルにもなりますが、当然ワールドのデータも少しずつ大きくなってしまう**のがムズかしいところ……。本書のサンプルプロジェクトには、シンプルなパターンから草原っぽいテクスチャまで色々入れています。でも絵が得意な人は、ぜひvinsのテクスチャなんかよりイイものを描いて、すごいワールドをつくってください。

　シェーダーは、初心者の人に説明するのがとても難しい機能です。例えば【5-1　まずハコだけ置いて、テストプレイしよう】で出た「mat_UVうごく_緑ノイズ」で使っているのは、テクスチャを変形させて動いているみたいに表示するシェーダーです。他にも（図5.20）のようなシェーダーがあります。

▲図5.20：さまざまなシェーダーの例

　……とこのように、非常に多くの機能があるのがシェーダーなのです。とりあえず初心者のうちは、**「シェーダー＋テクスチャ＝マテリアル」**だと思っておけばいいでしょう。

MEMO　正確には、（図5.20）の光っているシェーダーは【5-6　きれいなエフェクトPPSを使おう】で説明するPPSとの合わせワザです。

コライダー（ぶつかるエリア）

　床の上ハコが置いてある場合、プレイ中、そっちに進もうとするとぶつかって進めませんよね。これは**「コライダー（ぶつかるエリア）」**が設定されているからなのです。ハコをインスペクターで見てみると、**Box Collider**というものが付いています。これが付いていると、プレイヤーがぶつかる「カベ」のようにできるのです。

　試しに、**Box Collider**の左にあるチェックを外してみましょう。再生ボタンをクリックしてハコのほうに進んでいくと、突き抜けてしまったはずです（図5.21）。コライダーがOFFになっているからですね。

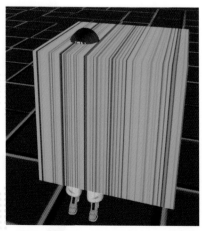

▲図5.21：clusterにアップロードしてたしかめた例。ハコをアバターが突き抜けている……

なお、コライダーにはハコ以外の形もあります（下表）。

コライダー	名前	内容
キューブ	Box Collider	ハコの形のコライダー
スフィア（玉）	Sphere Collider	丸い形のコライダー
カプセル	Capsule Collider	カプセル型のコライダー
メッシュ	Mesh Collider	メッシュに合わせた形のコライダー

▲ コライダーの種類

最初から置いてあった床には**Mesh Collider**が付いています。**メッシュと同じ形のコライダーをつくってくれる**便利なものです。これがあるから、プレイヤーは床に「ぶつかって」下に落っこちないんですね。ただし、**Mesh Collider**は**フクザツな形のメッシュに使うと非常に重い**という欠点があります。ハコや丸やカプセルに近い形なら、**Mesh Collider**以外を使うほうが軽いワールドになります。

コンポーネント（部品）

さて、色々説明してきましたが、インスペクターで見てみるとハコのオブジェクトは以下の4つに分かれていることがわかりますね。ざっくり担当も割り振るなら、下の表のような感じです。

名称	内容
Transform	位置・回転・拡大/縮小 担当
Mesh Filter	メッシュ担当
Mesh Renderer	マテリアル（シェーダー＋テクスチャ）担当
Box Collider	コライダー担当

▲ ハコをつくる部品（コンポーネント）

これらが組み合わさって、オブジェクトになっています。つまり、ここに示した4つはオブジェクトの「**部品**」になっています。これらを「**コンポーネント**」と呼びます。あまり聞いたことがないコトバだと思いますが、今後コンポーネントといったときは「ああ、オブジェクトの部品ね」と思ってください。

見えないオブジェクトもある

実は、メッシュやマテリアルが付いていない「**空（から）のオブジェクト**」もよく使います。例えば「ワールドに入ったときはこの位置からスタート」というのを指定するとき、そこに何か具体的なモノを置いておく必要はないですよね。

そんなとき、「空（から）のオブジェクト」が使われます。位置などをカンタンに指定でき、**見た目には何も影響しないので使いやすい**のです。【5-5　音楽を流してみよう】や【5-9　置いたモノを整理しよう（親子関係）】を見ると、使い方がわかりやすいと思います。

5-4 マテリアル（見た目の設定）を変えてみよう

では、マテリアルをもっと色々変えていきましょう。「シーン」フォルダの「シーン5-04」を開いてください（図5.22）。ハコがいくつか置いてありますね。そしてマテリアルが全部違います。このハコと、さらに床のマテリアルを変えていこうと思います。

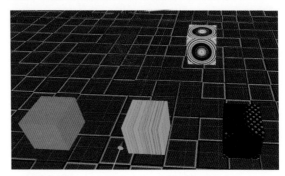

▲図5.22：最初はこんなマテリアルが付いている

ヒエラルキーの見方・操作

シーンで床を直接クリックしても床を選択することはできますが、そろそろ「ヒエラルキー」の見方・操作をおぼえていきましょう。「ヒエラルキー」の中に、5つのハコは最初から見えていると思います。ですが床は見えていないですよね。

なので（図5.23）の「動かないモノ」の左にある三角形マークをクリックしてください❶。「床関係」「床00」というのが出てきます。この「床00」が、いま「シーン」に表示されている床なんですね。ここをクリックすれば、「インスペクター」に「床00」が表示されるはずです❷。

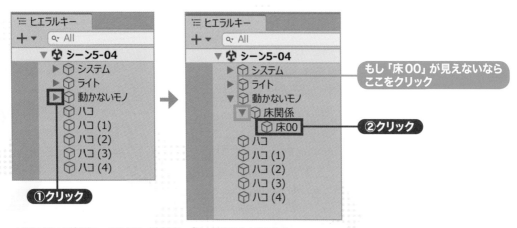

▲図5.23：三角形マークをクリックすると、「子」が見えるようになる

なぜこんな風に「ヒエラルキー」で隠れてしまうところに床を配置しているか……それは、フクザツなワールドをつくるときにはモノをちゃんと整理しないとわからなくなってしまうからです。ここは、【5-9　置いたモノを整理しよう（親子関係）】でもっと詳しく説明します。

色々なマテリアル

　では、5つのハコや「床00」に色々なマテリアルを付けてみましょう。【5-1　まずハコだけ置いて、テストプレイしよう】でやったことの確認です。Mesh Renderer内のMaterials、もし左の三角形マークが右向きならクリックすれば広がるんでしたね。

　そして「要素0」の右のほうにある小さい丸ボタンをクリックすれば選ぶウィンドウを出せます（図5.24①）。あとは好きなマテリアルを選んで②、右上の「×」ボタンをクリックして閉じましょう③。

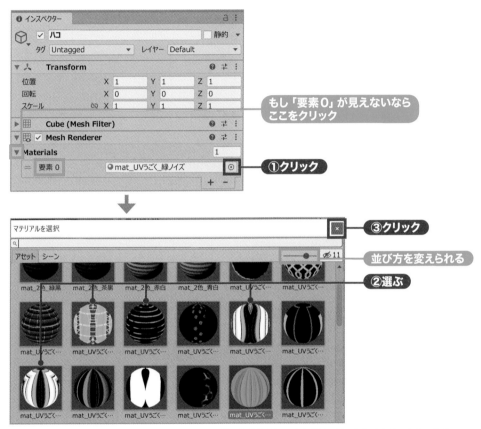

▲図5.24：色々なマテリアルがある。右上のスライダーを動かすと、文字だけのリストに変えることもできる

　色々なマテリアルがありますが、それぞれを調整したいこともありますよね。例えば、「**mat_小物_赤いチェック**」というマテリアル（図5.25）。「**色を青にしたい、チェックも細かすぎるから変えたい**」というときどうすればいいでしょうか。

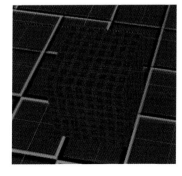

▶図5.25：「mat_小物_赤いチェック」を選んだ例

マテリアルの複製 (コピー)

　まずは、**マテリアルを複製**しましょう。元からあるマテリアル自体の設定を変更してしまうと、元に戻したくなったときに大変です。なので、その**コピーをつくり**、**コピーのほうで色々な設定を試す**ようにします。まず (図5.26) の❶の部分を左クリックします。すると、「**プロジェクト**」で「**mat_ 小物 _ 赤いチェック**」が入っているフォルダが表示されます。その中から❷の「mat_ 小物 _ 赤いチェック」をクリックしましょう。さらにメニュー：[**編集**] − [**複製**] をクリックすると❸❹……、「**プロジェクト**」に「**mat_ 小物 _ 赤いチェック 1**」という名前のマテリアルが増えます。

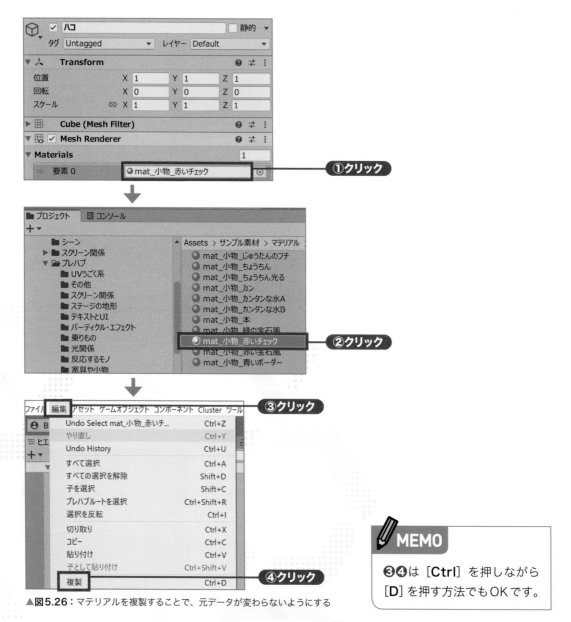

▲**図5.26**：マテリアルを複製することで、元データが変わらないようにする

> **MEMO**
>
> ❸❹は [**Ctrl**] を押しながら [**D**] を押す方法でもOKです。

「mat_小物_赤いチェック 1」を右クリックして「名前を変更」をクリックすれば名前変更ができます（図5.27❶❷）。「mat_小物_青いチェック」という名前にしておきます（ここも代わりに［F2］を押すのでもいいです）。

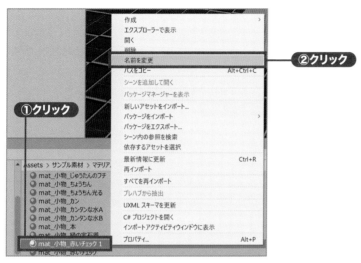

▲**図5.27**：名前もわかりやすいものにする

複製したマテリアルの設定変更

では、まず**色を変えます**。（図5.28）の赤色の部分をクリックします❶。円の左下の青っぽいところをクリックしてから右上の「×」ボタンを押してください❷❸。

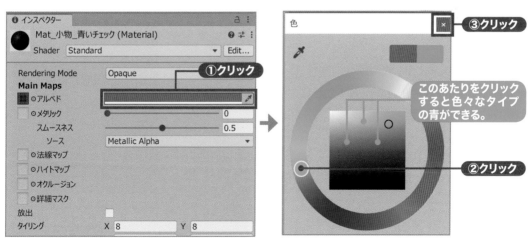

▲**図5.28**：色の変更はよく行う操作なので、慣れておく

この**色を指定するウィンドウはよく出てくる**ので、操作をいまのうちに練習しておくとよいです。「明るい青」「あざやかな青」などもつくれるようにしておいてくださいね。

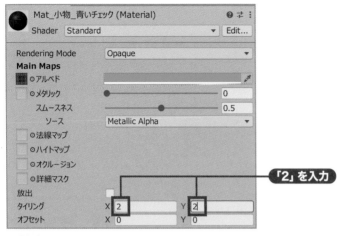

「2」を入力

▲**図5.29**：タイリングの数字を小さくすると、模様が大きくなる

　つづけて、チェック模様を大きくしましょう。「**タイリング**」というところの数字（現在は「8」）をどちらも「2」にします（図5.29）。

 タイリングというのは、**テクスチャ（画像）を何回くり返すか**ということです。もともとは8回くり返す設定だったのでこのハコには細かすぎましたが、2回にしたわけですね。

マテリアルをハコに付ける

　この「**mat_小物_青いチェック**」をハコに付けましょう。「**シーン**」や「**ヒエラルキー**」からハコを選び、これまでと同じように「**mat_小物_青いチェック**」を付けてあげてください（図5.30）。もし自信がなかったら【5-1　まずハコだけ置いて、テストプレイしよう】のマテリアル変更方法を確認してください。

　これで、ハコの見た目が変わりました。もちろん「**mat_小物_赤いチェック**」は元のまま残っていますから、それを付ければ元の見た目に戻ります。

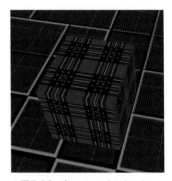

▲**図5.30**：青いチェックになった

 実は、「**mat_小物_青いチェック**」をドラッグ＆ドロップでハコに直接付けることもできます。「**シーン**」と「**ヒエラルキー**」、どちらのハコにドラッグ＆ドロップしてもOKですよ。

音楽を流してみよう

ワールドが無音だとちょっとさびしいですね。また、音楽系のワールドをつくりたい方なら音楽を流すやり方をおぼえないといけません。2つ以上の音楽を切り換えるなどしたい場合は6章で出てくる「**トリガー**」「**ギミック**」などを理解しなければなりませんが、**1つの曲をただ流す場合は割と簡単に**できます。

音楽データを置く

今回も前節で開いたサンプルシーンの「**シーン5-04**」をそのまま使っていきます。**マテリアルを変更した人も、そのままでOK**ですよ。

メニュー:「**ゲームオブジェクト❶**」 － 「**空のオブジェクトを作成❷**」をクリックしてください(図5.31)。名前は「**BGM❸**」にしましょうか(【5-3　ハコ(オブジェクト)はどうできているのか】でちょっと説明した「空(から)のオブジェクト」がさっそく使われていますね)。

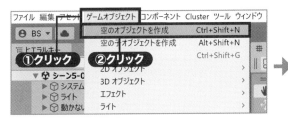

▲図5.31:空のオブジェクトをつくり、名前を変える

③入力
※もし名前を入力する前に別のところをクリックしてしまったら、このオブジェクトを再度選んでキーボードの[F2]を押す

さて、ここからが大事です。**音楽以外でも何度も何度も出てくる操作**なので、**しっかりおぼえてください**。インスペクターから「**コンポーネントを追加**」ボタンをクリックします(図5.32❶)。検索ボックスに「au」と入れると、「**Audio Source**」というのが出てくる❷はずです。クリックして選びましょう❸。

MEMO

図5.32❷の入力は「aud」でも「audio」でもいいですよ。「**Audio Source**」を途中まで入れているだけです。

▶図5.32:
コンポーネントの追加。
何度も出てくるので、
しっかり操作をおぼえる

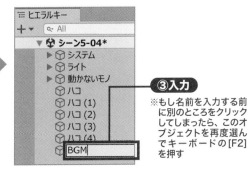

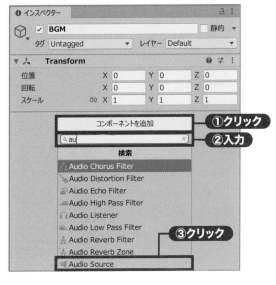

①クリック
②入力

検索

Audio Chorus Filter
Audio Distortion Filter
Audio Echo Filter
Audio High Pass Filter
Audio Listener
Audio Low Pass Filter
Audio Reverb Filter
Audio Reverb Zone
③クリック
Audio Source

何かフクザツな感じのものが出てきましたが、**設定が必要なのは少しだけ**です。まず「ループ」にチェックを入れましょう（図5.33 ❶）。これで**音楽が終わっても最初からまた流れる**ようになります。つづけて、「**オーディオクリップ**」の右側の小さい丸ボタンをクリックしてください❷。すると（図5.34）のウィンドウが出てきます。

▲**図5.33**：音関係の設定を行う

「bgm00」を選んで、右上の「×」ボタンをクリックします（図5.34 ❶❷）。これだけで設定完了です。**再生ボタンをクリックすると、ちゃんとBGMが流れる**ようになりました。

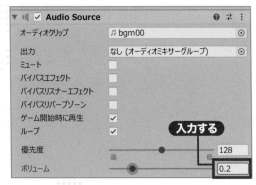

▲**図5.34**：音データの選び方

音が大きいかな？　と思ったら、「**Audio Source**」の「**ボリューム**」を0.2くらいまで下げてください（図5.35）。1が最大、0がミュートです。みんなが会話するワールドでは、音量が大きすぎるといけないですからね。

MEMO

再生ボタンをクリックし、右上にある「統計情報」をクリックするとそのときの音量が「Audio」のLevelのところに表示されます。-40dbくらいがちょうどいい音量のようです。

▲**図5.35**：意外にもボリュームは0.1～0.2くらいでバランスがよい？

他の音楽データを入れたい場合は？

　音楽活動をされている人などは、オリジナルの音楽を使ってみたいですよね。そうでなくても、ネットで見つけたフリーBGMを使ってみたいという人は多いはずです。その場合、まず「プロジェクト」からデータを保存したいフォルダを選びましょう。今回は「**あなたの素材/音データ**」フォルダにしてみます（図5.36❶❷）。そして「アセット」－「新しいアセットをインポート」を選択します❸❹。あとは使いたいBGMのファイルを指定するだけでOK。MP3、WAV、Oggといった主要なフォーマットに対応しています。

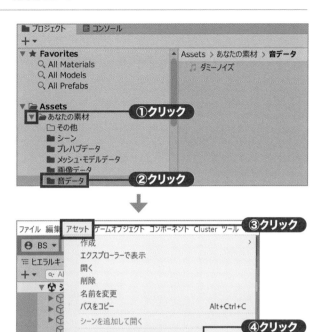

▲**図5.36**：好きな音源を入れる方法

　もちろん、「**ドラッグ＆ドロップ**」でもいいです（図5.37）。Windowsなら「**エクスプローラ**」で使いたいBGMのファイルをドラッグし、Unityの「**プロジェクト**」にドロップしましょう。

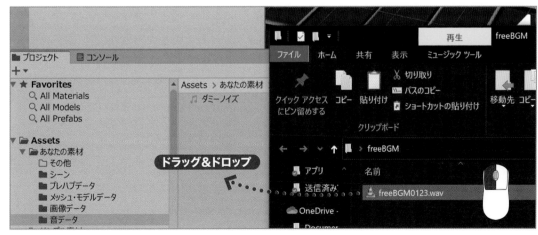

▲**図5.37**：こちらのほうが直感的

ここまでのプレイ画面、なんだか物足りない……と感じる人も多いかもしれません。それは、「ポストプロセス」がかかっていないから。3Dゲームやメタバースのワールドの多くは、画面に「色を調整するエフェクト」がかかっているのです。

PPS（ポスト・プロセッシング・スタック）とは

Unityの場合、「PPS（Post Processing Stack）」、ポストプロセッシングスタックと呼ばれています。長いので**PPSでおぼえたほうがラク**ですね……。でもこれが**あるとないとでは全く画面が違って見える**ので、ぜひ早い段階で使い方をマスターしましょう。

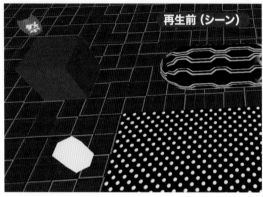
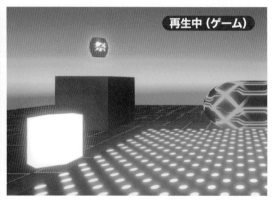

▲図5.38：再生中に色々なものが光って見える

サンプルシーンの「**シーン5-06**」を開いてください。このシーンには、**PPS**が入っています。まず**再生ボタンをクリックしてみてください**。ここまでつくってきたワールドと似てはいますが、**ちょっと光った感じでムードが違います**ね（図5.38）。

では再生を停止し、「**ヒエラルキー**」の「**エフェクト/PPS/PPS設定**」をクリックして選んでください（図5.39）。「**インスペクター**」に、（図5.40）のように色々な設定が出てくるはずです。

英語だらけですが、**あまり数字を変えなくて大丈夫**なのでザッと見ていってください。

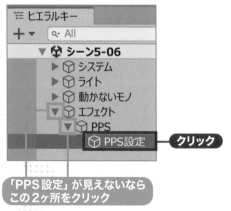

▲図5.39：ヒエラルキーの三角形マークをクリックすると、隠れているものが見える

Bloom（光らせる）

　モノが光って見えるようになるエフェクトです（図5.40）。これがあるとないとで**全くワールドが違って見えるほどの重要エフェクト**です。今回のサンプルシーンが光って見えるのもこのエフェクトのおかげです。

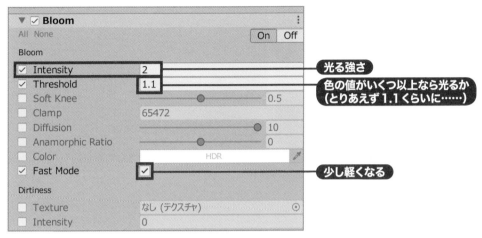

▲**図5.40**：光って見える、最も重要なエフェクト

　ただ、そこそこ重いエフェクトですし、なんでもかんでも光らせすぎるとワールドが見にくくなることもあります。**強さ（Intensity）の数値は上げすぎない**ようにしましょう。また、**Meta Quest2単体でプレイするとBloomの効果がなくなってしまう**ようです……。

 MEMO

> ここは余裕のある人だけ読んでください。Bloomではなんでも光るわけではありません。Threshold（境界の値、ボーダーの値）という数値がポイントになります。まずコンピューターの世界では**赤・青・緑で色を表現**しています。**全部0なら暗い「黒」で、全部1なら明るい「白」**になります。しかし今回のサンプルシーンのBloomは、**Threshold**が1.1になっていますね。**白より明るい色なんてあるのでしょうか？**
> 実はUnityではあり得ます。例えばStandardシェーダーで**Emission**というものを設定すると、元の色に数字を足せます。元の色が0.8、Emissionが0.8なら1.6となり、「**一番明るい白色よりもさらに明るい色**」となるのです（大ざっぱなイメージ）。
> 今回のサンプルシーンにあるモノも、「白よりもっと明るい色」を指定してあるのでBloomのパワーで光っているんですね。なおBloomでThresholdを0.9などにするとフツーの白色などが全部光ってコントロールしづらくなります。ですから**Thresholdは1.1くらい**にして、光らせたいところだけStandardシェーダーのEmissionなどで「**1よりさらに明るくする**」ほうがよいのです。

Vignette（画面端を暗く）

画面の四隅にいくにつれ、ちょっと暗くします（図5.41）。図を見てもわかる通り、これがあると「それっぽい」画面にできます。

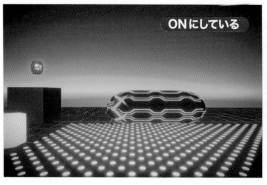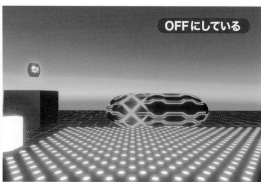

▲**図5.41**：わかりやすさのため、この画像では効果を少し強くしている

サンプルシーンでは強さ（**Intensity**）を0.35にしています（図5.42）。数値を大きくしすぎると真ん中しか見えなくなるので注意。

暗い部分の強さ

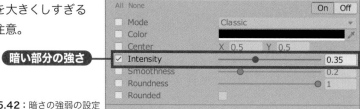

▶**図5.42**：暗さの強弱の設定

Color Grading（色調整）

今回のサンプルシーンには使っていませんが、割と使うことがあるので紹介します。全体の色をちょっと明るくしたり（**Post-exposure**）、明暗をクッキリさせたり（**Contrast**）、少し青っぽくしたり赤っぽくしたり……など色の調整（**Color Filter**）が可能です（図5.43）。

全体的な明るさ　　**色を全体に付ける**

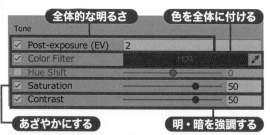

あざやかにする　　**明・暗を強調する**

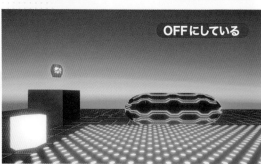

▲**図5.43**：わかりやすさのため、Toneを少し極端な設定に。Tone以外にも多くの設定項目がある

他にも色々設定できますが、まずはこの３つをおぼえるとよいでしょう。画像を見ると、とりあえず全体が赤っぽくなっているのはわかりますね。**Saturation（彩度）を上げるとグッとあざやかな感じ**になりますが、**上げすぎてキツい色になることも**。PC・スマホなどによって見え方が違うこともあるので、他の人の意見なども聞きながらバランスを取っていくといいでしょう。

今回のサンプルシーンでは、**Bloom**と**Vignette**のみ使うようにしています。物足りなかったら「PPS設定」を選んでインスペクターの一番下のほうにある「**Add effect...**」ボタンをクリックし（図5.44❶）、**Color Grading**も追加してみましょう❷❸。

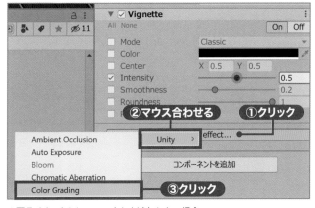

▲**図5.44**：さらにエフェクトを追加したい場合

一度オフにしてみると違いがわかりやすい

PPSをオフにするとどうなるでしょうか。

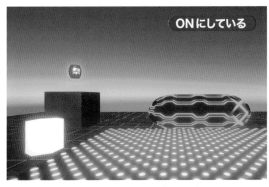
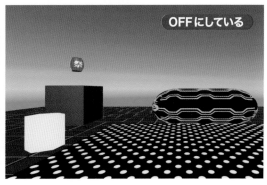

▲**図5.45**：PPSがあるとないでは、ずいぶん違う

　あらためて「**PPS設定**」を選び、「**インスペクター**」からここのチェックボックスをOFFにしてから再生してみましょう（図5.45）。「**PPS設定**」のオブジェクトが**一時的に非表示**になります。だいぶサッパリした感じの画面になってしまいましたね。「PPS設定」のチェックボックスをもう一度ONにすると元に戻ります。

MEMO この「**一時的にオブジェクトを非表示にする**」操作はPPSに限らず便利に使えるので、おぼえておきましょう。

「ギズモ」の表示を理解する

今回のシーンは、開いたときから（図5.46）の左上の画面のような半透明のマークが出ていますね❶。また、【5-5　音楽を流してみよう】のときはスピーカーのようなマークが見えていたと思います❷。

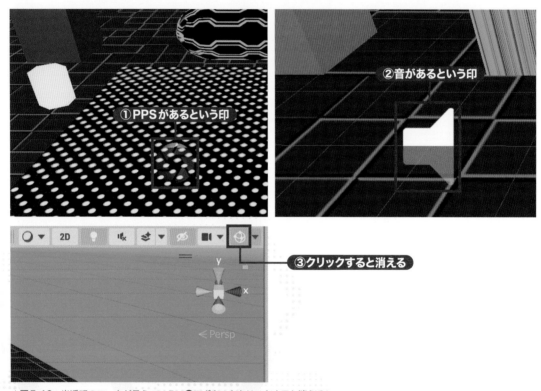

▲**図5.46**：半透明のマークが見えている。❸のボタンをクリックすると消える

左上は「PPSがここにあります」のマーク、右上は「音がここにあります」のマークです。このようなマークを「**ギズモ**」といいます。**ギズモは便利といえば便利ですが、別に見えなくてもいいときも多い**です。そういうときは（図5.46）の左下の画面に表示されているボタンをクリックしましょう❸。ギズモが見えなくなります。もう一度クリックすれば再表示されます。

パーティクル（エフェクト）を出してみよう

　パーティクル（Particle）は、粒という意味です。花火など、光の粒を使った「**エフェクト**」に使われることが多いですね（図5.47）。

　このパーティクルを使いこなすと、**ワールドがまるで違って見えてきます**。光っている表現だけでなく暗い表現や「湯気・けむり」などの表現にも使えます。メタバースのワールドづくりにも非常によいので、しっかり理解していきましょう。

▲図5.47：パーティクルといえばやはり花火

練習用シーンを開き、保存

　「シーン」フォルダにある「**シーンＡ練習用**」を開きます（図5.48❶）。そしてメニュー：「**ファイル**」－「**別名で保存**」をクリックします❷❸。これを「**あなたの素材／シーン**」フォルダに保存してください❹。名前は「**パーティクル練習用**」など、なんでもいいです❺❻。

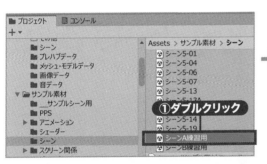

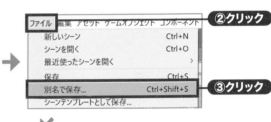

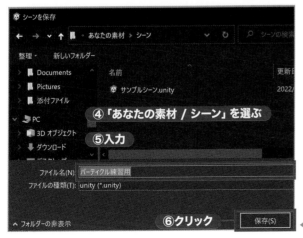

MEMO

この「**シーンＡ練習用**」は床があるだけのシーンですが、最低限必要なもの＋**PPSが設定されている**ので、本書で勉強するときはもちろん、あなたのオリジナルワールドをつくりはじめるときのベースにするのもいいですよ。

◀図5.48：「あなたの素材／シーン」の中に保存する

基本のパーティクルをつくる

　ではパーティクルをつくっていきましょう。メニュー：「**ゲームオブジェクト**」ー「**エフェクト**」ー
「**パーティクルシステム**」で、パーティクルをつくることができます（図5.49 **❶❷❸**）。名前はそのまま
でもいいですが、ここでは「**パーティクル**」に変えておきましょう。

▲**図5.49**：基本のパーティクルをつくる

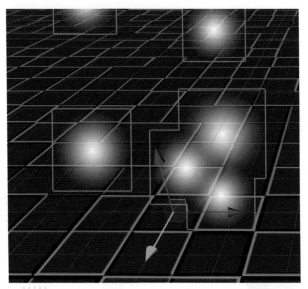

▲**図5.50**：できたが、あまりカッコよくない……

 MEMO

なお、Unityでは再生ボタンをク
リックして再生しているときインス
ペクターからパラメータを変更して
も、再生を止めると元に戻ってしま
うので注意しましょう。

　この「**パーティクル**」を選んでいる間、実際に粒のような形が動くのが見えます（図5.50）。ただ、こ
れだけではちょっとカッコよくないですね。色々と変えていきましょう。設定できるものが大量にある
ので、ちょっと大変ですが……。

MEMO　「**ヒエラルキー**」などでパーティクルを選んでいる間、そのパーティクルの動きを
確認できます。

マテリアルを変更する

　まずはマテリアルの変更。さっきつくった「**パーティクル**」を「ヒエラルキー」から選んでください。
「パーティクル」の設定項目はすごく上下に長いですが、一番下の「**レンダラー**」をクリックしましょう（図5.51❶）。下のほうに、さらに広がります（このとき「レンダラー」のチェックボックスをOFFにしないように気を付けてください）。そして「**マテリアル**」の右のほうにある小さい丸のボタンをクリック❷。出てきたウィンドウで、「mat_パーティクル_赤い粒」を選んでください❸❹。

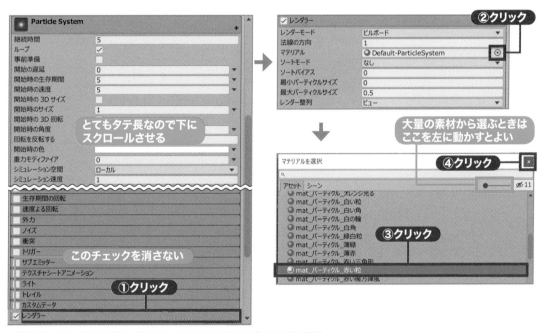

▲**図5.51**：フクザツそうだが、要するにハコのマテリアルを変えたときと同じ

　再生してみると、（図5.52）のようになります。ちょっとよくなってきました。

▲**図5.52**：ちょっと光がつながっている感じになった。【5-6　きれいなエフェクトPPSを使おう】で出たPPSによって光っている

「**シーン**」でパーティクルを選んでもパーティクルの動きを確認できないときは、（図5.53）の「**再生**」ボタンをクリックしてください。

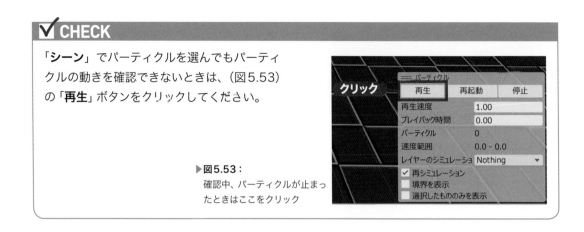

▶図5.53：
確認中、パーティクルが止まったときはここをクリック

1秒ごとに一気に放出されるようにする

　まず「パーティクル」の一番上のほうにある「**継続時間**」と「**開始時の生存期間**」を1にしましょう（図5.54❶）。そして「**放出**」の少し右のほうをクリック❷。「放出」の部分が下に広がります。チェックボックスをONにして❸、「時間ごとの率」を0にして❹、「＋」ボタンをクリックしてください❺。

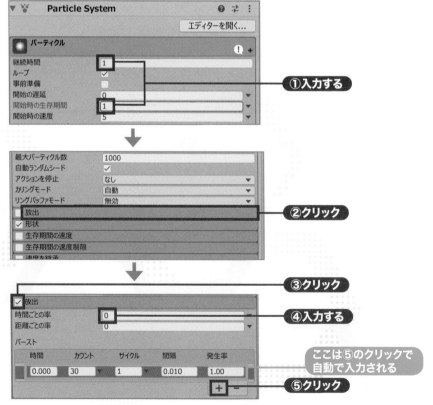

▲図5.54：時間関係を設定する

再生してみると、**1秒ごとに30個ずつ
バッと出てくる**ようになったはずです（図
5.55）。もともとは「5秒でループ、その間
に10個のパーティクルをゆっくり出して
ね」という設定だったのが、「1秒ごとに
ループ、その最初のときに一気に30個出
して」に変わりました。

▲**図5.55**：一気にカタマリのように出てくるパーティクル

速度とサイズが変わるように

ちょっとキレに欠けるので、もっとキビ
キビ動かします。「**生存期間の速度制限**」
の右のほうをクリックして広げ、チェック
ボックスをONに（図5.56❶）。「**速度**」と
「**減衰率**」を0.1にします❷。「**生存期間の
サイズ**」も同じように広げ、チェックボッ
クスをONにしてから設定しましょう❸。
「**サイズ**」と書いてあるところのグラフの
ようなところをクリックして、**ゆっくりと
下がっていくもの**を選びます❹❺。

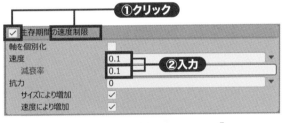

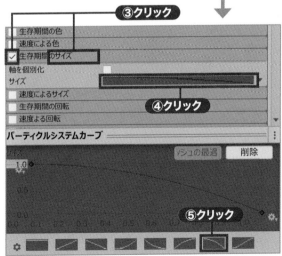

▲**図5.56**：❶や❸の右のあたりをクリックして広げるやり方はここま
でと同じ

✎ **MEMO**　ここの「**速度**」はスピードをどこまで落とすか、「**減衰率**」はどれくらい早くスピー
ドダウンするかです。「**減衰率**」を0.9とかにすると、一瞬で動きが止まります。

再生すると（図5.57）のようになります。もっさりした動きからキレがある動きになってきましたね。最後は小さくなって消える設定を行いましょう。

▲図5.57：画像では伝わりにくいが、動きにキレが出てきている

ランダム要素を付ける

一番上のほうに戻り、「**開始時の生存期間**」の右のほうにある三角形マークをクリックします（図5.58❶）。「**2つの値間でランダム**」にして❷、左の数字を0.8と、右の数字を1.2に。同じようにして、「**開始時の速度**」は2と7、「**開始時のサイズ**」は0.3と1、にしてみましょう❸。

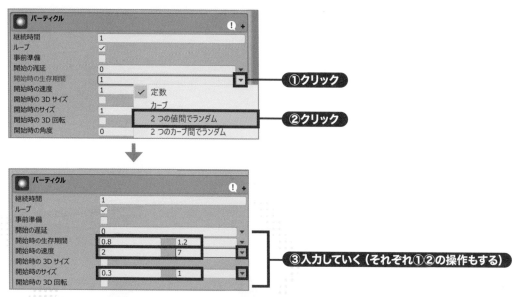

▲図5.58：「2つの値間でランダム」を選ぶ操作は、3回とも行う

このクオリティなら、**ゲームワールドでアイテムを取得したときなどのエフェクト**に使えますね（図5.59）！

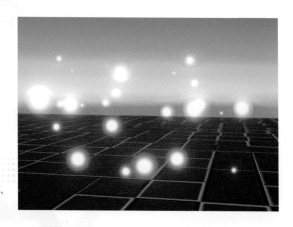

▶図5.59：サイズやスピードや消えるまでの時間が、少しランダムになった

パーティクルは結構数を出しても軽い

　パーティクルをワールド内にいくつか置いていくと、合計1000個くらいの粒が画面に出てくることもあります。それでも**あまり重くはありません。**

　でも、もちろん透明系のパーティクルが一ヶ所に大量に重なるなど条件次第で重くなることはありますが、パーティクルを使いこなすのは軽くてハデなワールドをつくるときに重要ですよ。

サンプルシーン

　「**シーン5-07**」にはこの節で説明したパーティクルの他、いくつかシンプルなパーティクルが入っています。どんな設定になっているのか見ておいてください（図5.60）。

▲**図5.60**：色々なパーティクル

　この節では説明しきれませんでしたが、パーティクルのコンポーネントでは、下の表にあるような設定の使い方がポイントになります。

設定	内容
重力モディファイア	下に落ちていく
生存期間の色	段々色を変えたりフェードアウトしたり
トレイル	パーティクルの跡が残る
ノイズ	ぐにゃぐにゃ動く
サブエミッター	別のパーティクルを出す。花火によく使う
衝突	コライダーにぶつかったときどうするか

▲ パーティクルの設定

　6章でもパーティクルの活用方法は出てきます。

3D空間に置かれたものは、たいてい「陰影」が付きます。つまり**暗いところと明るいところができます**。それで雰囲気が出ることもありますが、あなたの**写真や絵やポスター、俳句や詩などを展示したい場合はかえって見づらくなってしまう**ことも多いですね。また、ライトを強く・弱くすることで見た目が変わってしまうこともあります。

▲**図5.61**：左の画像は、元の写真（右）よりヨコが縮んでしまっている。ライトが弱いせいで色も暗い

また、「1枚の板（Quad）を配置し、ヨコ・タテの比率を置きたい画像の通りにそろえ……」などの作業は結構メンドーくさいものです（図5.61）。このとき便利なのが、「**スプライト（Sprite）**」としてワールドに配置してしまうことです。

画像をスプライト（Sprite）にする

これまでも使ってきた、サンプルプロジェクトの「**シーンA練習用**」を開いてください。そして「**プロジェクト**」で「**あなたの素材/画像データ**」のフォルダを開きます（図5.62❶）。メニュー：「**アセット**」－「**新しいアセットをインポート**」を選び❷❸、なんでもいいので、あなたのPCに入っている写真などの画像をクリックしてください。

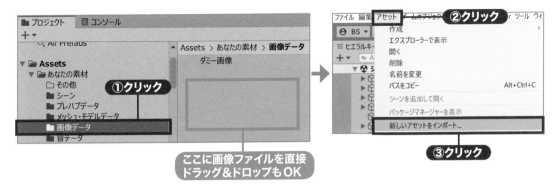

▲図5.62：好きな写真をプロジェクトの中に入れる

> **MEMO** 「**あなたの素材/画像データ**」のフォルダに画像ファイルを直接ドラッグ&ドロップするのでもOKです。

では、プロジェクトに入った画像をクリックして選択してください。ここでは筆者が用意した「5-8B」という画像をプロジェクトに入れてみました。

プロジェクトに入れた画像を選び、インスペクターで見てみましょう。初期状態だと「テクスチャタイプ」は「**デフォルト**」になっています（図5.63）。3Dのものに貼り付ける用の画像（**テクスチャ**）ですね。この設定を、「**スプライト（2DとUI)**」に変更します❶❷。変更後は、「**適用する**」ボタンをクリックするのを忘れないでください❸。

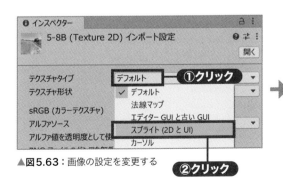

▲図5.63：画像の設定を変更する

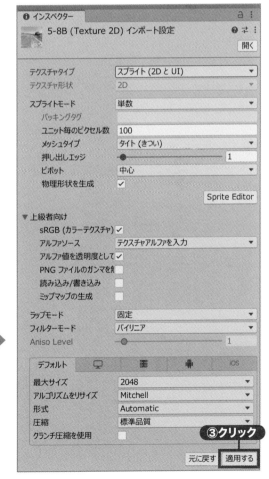

シーンに配置する

さて、この画像を**ドラッグ＆ドロップ**で「**ヒエラルキー**」の何もないところに持っていきましょう（図5.64）。

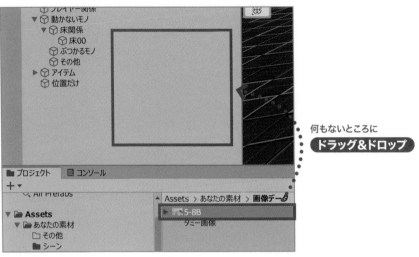

▲**図5.64**：プロジェクトに入れた画像をドラッグ＆ドロップ

すると……それだけでシーンに画像が置かれました（図5.65）。余計な陰影なども付いていませんし、**ヨコ・タテの比率も元の画像といっしょ**になっています。

もし床に埋まっていたら、位置をもっと上に動かしましょう。サイズを大きくしたい場合は、「**インスペクター**」から「**スケール**」の値を大きくしてください。これで写真や絵やポスターはもちろん、おじいちゃん・おばあちゃんの手書きの絵や俳句をメタバースに展示、なんてこともできますね。

▲**図5.65**：シーンに画像が出てきた

サンプルシーン

「**シーン5-08**」は、実際にスプライトとして画像を置いた例です。本節の操作が上手くできなかった人は、見ておいてくださいね。

5-9 置いたモノを整理しよう（親子関係）

ここまで、特に何も考えずにモノをワールドの中に配置してきました。しかし、このまま**どんどんモノを増やしていくとわかりにくくなります**。そこで「**親子関係**」を上手く使って、整理していきましょう。

サンプルシーン

まず「**シーン5-09**」を開きます。これはモノを整理するためにつくられたサンプルです。いまは「**ヒエラルキー**」に置かれたモノが全く整理されていないです（図5.66）。これをまとめていきましょう。

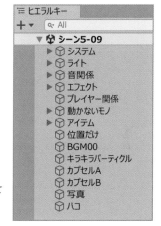

▶図5.66：
モノがちゃんと整理されていない状態

空のオブジェクトの子にまとめていく

このサンプルシーンには、いくつも「空のオブジェクト」が置いてあります。その子にどんどんモノをまとめていきましょう。

まず、「**ヒエラルキー**」で「**音関係**」の左にある三角形マークをクリック（図5.67❶）。すると「**BGM関係**」というのが見えます。あとは別の位置にある「**BGM00**」を「**BGM関係**」の上にドラッグ＆ドロップしてください❷。

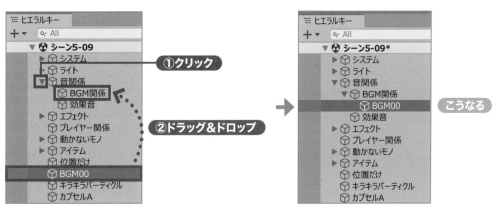

▲図5.67：ドラッグ＆ドロップで親子関係をつくっていく

05
ワールド作成

195

すると、BGM00が「**BGM関係**」のすぐ右下に表示されるようになりましたね（図5.68）。これは「**音関係**」が親、「**BGM関係**」が子、「**BGM00**」がさらにその子という関係になっているのです。

▲**図5.68**：親子関係が変わった

そして（図5.69）のように、「**音関係**」の左の三角形マークをまたクリックすれば「**BGM関係**」も「**BGM00**」も「**ヒエラルキー**」から隠せます。音に関するデータを**設定変更するとき以外は、こうしておけばスッキリして見やすい**です。

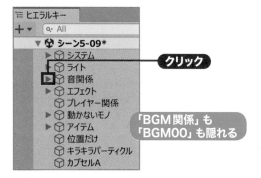

▲**図5.69**：三角形マークをクリックすると、子を隠すことができる。もう一度クリックすれば表示される

同じように、ハコやパーティクルや画像（スプライト）も空のオブジェクトの子として整理しました（図5.70）。こんな風に、**モノは「空のオブジェクト」の子にまとめていく**ことを心がけましょう。

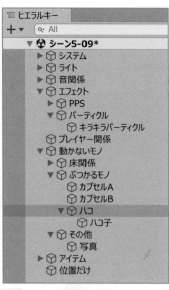

▲**図5.70**：親子関係を使って、しっかり整理できた

親子関係の特徴

親のオブジェクトの位置・回転・スケール（拡大／縮小）などの設定を変えると、**子もすべて影響を受けます**（図5.71）。

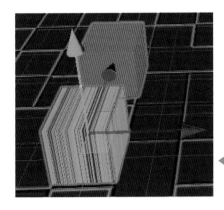

◀**図5.71：**
緑のハコとピンクのハコ（ハコ子）
の間に親子関係が設定済

例えば今回のサンプルシーン、「**ハコ**」の子には「**ハコ子**」というのがあります。

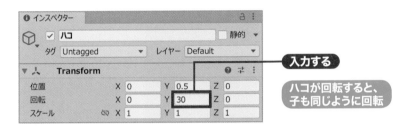

入力する

ハコが回転すると、
子も同じように回転

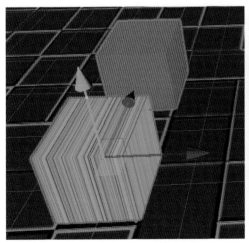 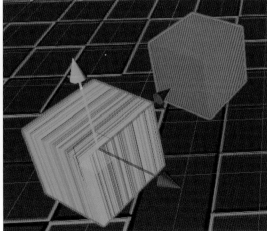

▲**図5.72：**ハコを回転させると、子のハコも付いてくる

そして親のハコの回転を変えると、（図5.72）のように「ハコ子」も回転します。もちろん、**親の位置を動かせば子は付いてきますし、親のスケールを変えれば子も拡大／縮小**されます。

子の位置について

ここは少し難しいかもしれません。よくわからなかったら飛ばしてください。

インスペクター					
☑ ハコ子				静的	
タグ Untagged			レイヤー Default		
▼ ⚙ Transform					
位置	X 0	Y 0	Z 2		
回転	X 0	Y 0	Z 0		
スケール	X 1	Y 1	Z 1		

▲**図5.73**：ハコ子はＺの位置が２

さて、この「**ハコ子**」の位置を「**インスペクター**」で見てみると、「**X0 Y0 Z2**」と書いてあります（図5.73）。親の回転が変わると、子の位置はだいぶ変化しているように見えますが、**実は位置の「X0 Y0 Z2」という数字は何も変わっていません。**これは「**親から見てＺを２動かした位置**」という指定になっているからなのです。

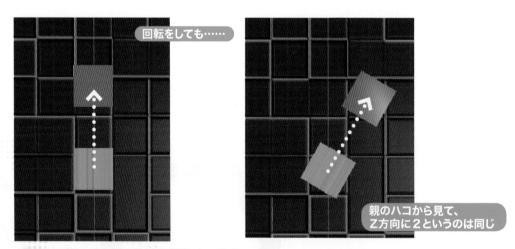

▲**図5.74**：親から見るとハコ子は同じ位置になっている

（図5.74）を見ればわかるように、**親が回転すると、「親から見たＺの方向」も変わります。**なので、「X0 Y0 Z2」は変化していないのに、グルグル位置が変わって見えるのです。

こういった子の位置指定のことを「**ローカル指定・ローカル座標**」などといいます。「親から見てどれくらい離れているか」を指定する方法ということです。ちょっとムズかしいですが、とてもよく使うので頭に入れておいてください。

親の回転の向きを気にせず位置を動かしたい場合は、【4-6　Unityの基本操作を少しチェック】で出てきた「**グローバル**」の指定を使いましょう（図5.75）。「**ローカル**」と上手く使い分けてください。

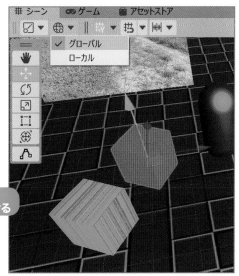

「グローバル」にすれば、
親の向きとは無関係に動かせる

▶**図5.75：**
グローバルで動かすのはわかりやすい

子のスケール（拡大 / 縮小）について

親子関係があるときのスケール（拡大 / 縮小）は、「**親と子のかけ算**」です。

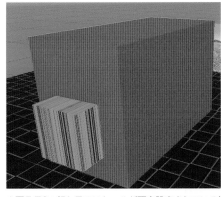

X 2x2=4
Y 2×3=6
Z 2×4=8

▲**図5.76：**親と子のスケールが両方設定されている場合は、
かけ算に

　例えば親のスケールが「X2 Y2 Z2」で子のスケールが「X2 Y3 Z4」なら、子の実際のサイズは「X4 Y6 Z8」と同じになります（図5.76）。**親のスケールを変えると子もまとめてサイズが変わる感じなので便利**ではありますが、子を回転させるなら親のスケールのX・Y・Zは同じ数字が無難です。

サンプルプロジェクトの中には、**色々な素材が入っています。**これをシーンの中にどんどん置いていきましょう。

そのまま使える「プレハブ」

「サンプル素材」というフォルダには、**メッシュ・マテリアルなどが全部設定済みのセット「プレハブ」**が入っています。今回も「**シーンA練習用**」を開き、例えば「**家具や小物**」フォルダの「**pre_小物_ランタンA**」をドラッグ＆ドロップで「**シーン**」に置いてみましょう（図5.77）。

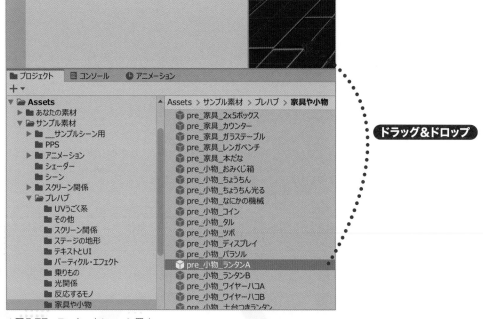

▲図5.77：ランタンをシーンに置く

MEMO

ドラッグ＆ドロップする先は「**ヒエラルキー**」でもいいですよ。

最初から親子関係が付いていますね。メインは黒で、その「子」の六角柱は光る**マテリアルが設定されています**（図5.78）。再生ボタンをクリックすると光がわかりやすいです。このように、「**プレハブ**」にはそのまま使えるセットが入っていますのでどんどん配置して雰囲気をチェックしましょう。

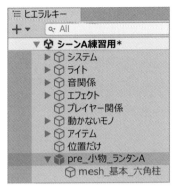

最初から親子関係もあり、
マテリアルも設定済！

▲図5.78：最初から色々と設定が済んでいる

プレハブの中身を変更したいときは？

　ただ、中身を変えたいこともありますよね。例えばこのランタン、光の色を青っぽくしたいとします。これはカンタンで、「**mesh_基本_六角柱**」を選び、「**インスペクター**」のMesh Rendererからマテリアルを「mat_シンプル光_オレンジA」から「**mat_シンプル光_青A**」に変更するだけです（図5.79）。問題なく色が変わりましたね。

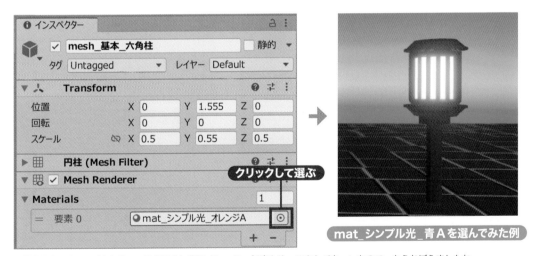

mat_シンプル光_青Aを選んでみた例

▲図5.79：オレンジから青のマテリアルに変えましょう。何度もやってきたパターンなので、もうおぼえましたね

 MEMO　違うマテリアルに変える方法を忘れてしまった人は、【5-1　まずハコだけ置いて、テストプレイしよう】の「**マテリアル（見た目の設定）を変更してみよう**」をもう一度見てください。

では、**中の光そのものを削除したい**という場合はどうでしょうか。「mesh_基本_六角柱」を選んで
[Delete] などで削除しようとすると、(図5.80) のようなエラーメッセージが出てくるはずです。

▲図5.80：とりあえず「Cancel (キャンセル)」クリックする

このように、プレハブは操作によっては拒否されることがあります。これを避ける**一番カンタンな方法は、「プレハブではなくしてしまう」**ことです。「pre_小物_ランタン」をクリックし、右クリック (図5.81❶)。「**プレハブ」−「すべてを展開」**をクリックしましょう❷❸。

そして「mesh_基本_六角柱」を削除しようとすると……今度は上手くいきます❹。

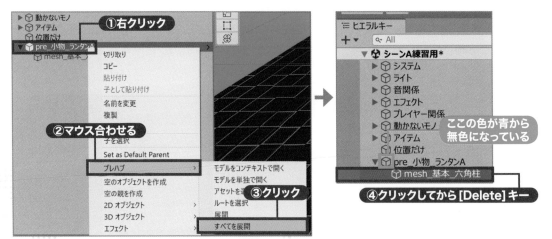

▲図5.81：プレハブではない状態にしてから、いらないものを消す

からっぽのランタンができます (図5.82)。

 MEMO

「プレハブ」とは何なのかについては、
【6-6　ボールが出てくるマシンをつくろう】や【6-7　あちこちから的が出てくるようにしよう】であらためて説明します。

▲図5.82：からっぽのランタンができた

メッシュを置いてマテリアルを付けよう

つづけて、**ただのメッシュを置く**やり方です。といっても、プレハブとほとんど変わりません。例えば「**メッシュ/ワイヤー表現**」フォルダから「**mesh_ワイヤー_ドーム**」をシーンにドラッグ&ドロップしてみましょう（図5.83）。ちゃんと配置されましたね。ただ、マテリアルが何も付いていないので真っ白です。

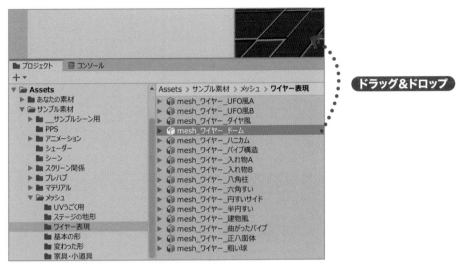

▲図5.83：ドームを置いてみる

なので「**mat_メタリック_青**」を付けてあげましょうか（図5.84❶）。あとは「**スケール**」を「**X15 Y15 Z15**」にしてみると❷……かなり大きなドームになりましたね。

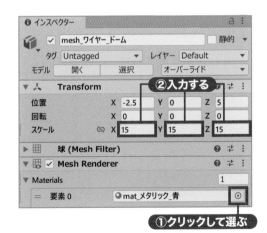

▲図5.84：大きくして、マテリアルも付ける

コンポーネントも付けてみよう

このドームに、「**インスペクター**」の一番下にある「**コンポーネントを追加**」から「**Mesh Collider**」を追加してみましょう（図5.85**❶❷❸**）。

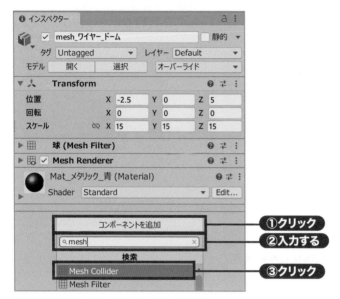

▲**図5.85**：コライダーのコンポーネントを付ける

 MEMO （図5.85）の**❷**は、【5-5　音楽を流してみよう】でやったのと同じです。今回は「mesh」と入れると **Mesh Collider** が出てくるはずです。

再生ボタンをクリックして走って行ってみると、ドームの柱部分にぶつかるようになりましたね（図5.86）。

【5-3　ハコ（オブジェクト）はどうできているのか】で説明した通り **Mesh Collider** は **Box Collider** などより重いのですが、これくらいのメッシュならOKの範囲かな、と思います。シーンのあちこちにこれを大量に置くとなると、少しキビシイかもしれませんが……。

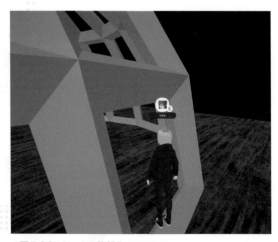

▲**図5.86**：ドームの柱部分にぶつかる

カンタンなアニメーション

今度は「**プレハブ/家具や小物**」フォルダから「**pre_小物_ちょうちん**」を置いてみましょう。もうプレハブの配置方法はおぼえましたよね。つづけて、「**アニメーション/うごく**」フォルダから「**con_半分の円**」を選びます。これをドラッグ&ドロップで、ヒエラルキーの「**pre_小物_ちょうちん**」の上に動かしてください（図5.87）。

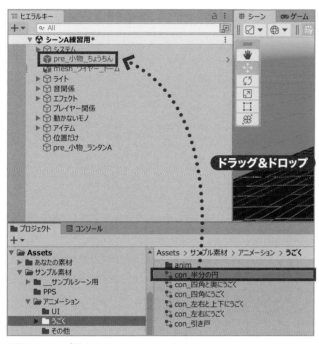

▲**図5.87**：用意されたアニメーションを付ける

再生ボタンをクリックすると……ちょうちんが動いていますね（図5.88）。このように、「**アニメーション**」フォルダの中にある「**con**」ではじまるデータの多くは、モノを動かすのに使えます。ただ、よく見ると、ちょうちんは初期状態と違う場所から動いてしまっています。設定を変えてみましょう。

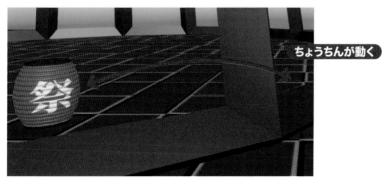

▲**図5.88**：ちょうちんが半円の形に動く

アニメーションさせるコンポーネント

「**インスペクター**」で「**pre_小物_ちょうちん**」を見ると、**Animator**というコンポーネントが追加されていますね (図5.89)。さきほどの操作で、「**Animator**コンポーネントを追加」「コントローラーには『**con_半分の円**』を指定」というのが自動で行われたのです。この**Animator**の「**ルートモーションを適用**」にチェックを入れれば、きちんと指定した初期位置から動くようになります。

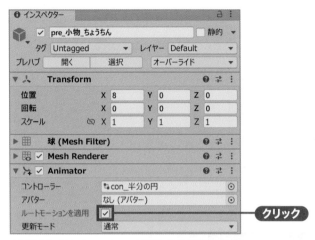

▲**図5.89**：「ルートモーションを適用」は基本的にONがよい

なお、別の動きにしたい場合は、「**コントローラー**」で指定された「**con_半分の円**」を別のものにしてください (図5.90)。

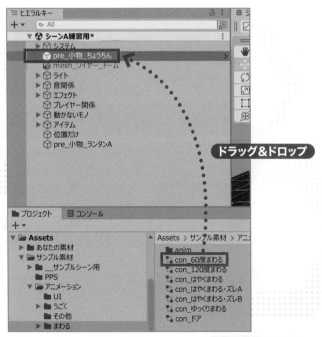

▲**図5.90**：「con_60度まわる」にする例。その場でクルクル回り続ける

5-11 アセットストアで入手したアセットを使おう

Unityでは公式の「**アセットストア**」があり、無料・有料ともにたくさんの素材がダウンロードできます。**テクスチャ（画像）・BGM・効果音・3Dモデル・エフェクト**などなど……。ワールドをつくるときも、アセットストアの素材をどう使っていくのかが大事です。

アセットストアに行って検索

では「assetstore.unity.com」にアクセスしましょう（図5.91）。Googleなどで「Unityアセットストア」と検索すると早いですね。

https://assetstore.unity.com/

▲**図5.91**：Unityアセットストアのトップページ

もし**英語の表示になっていたら、ページの一番下までずっとスクロール**して、Languageの「**日本語**」を選びましょう（図5.92）。

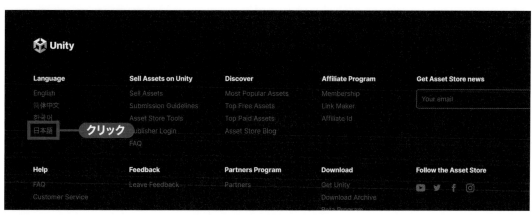

▲**図5.92**：かなりタテに長いページだが、一番下に日本語に設定するところがある

では、いよいよ「**アセットの検索**」に文字を入れます。「建物」「音楽」「木」「空」「和風」「SF」など、好きなコトバで検索しましょう。検索した後、右のほうのエリアからさらに検索の条件を増やすこともできます。なお**アセットの名前は英語が多いです**。とはいえサムネイル画像でだいたいイメージはわかると思います。不安なときはGoogle翻訳などを上手く使っていきましょう。

今回の例では、「cartoon fx free」で検索して、強力で無料のパーティクルアセット「**Cartoon FX Remaster Free**」の「**マイアセットに追加する**」をクリックしましょう（図5.93❶❷）。

▲**図5.93**：無料アセットはこのページからクリックで追加できるので便利

　アセットストアに入るときにログインを要求されたら、【4-2　Unityをインストールしよう】でつくったアカウントでログインしてください。Google・Apple・Facebookなどとの連携でつくった人が多いと思います。

アセットのダウンロード

使用条件が出てくるので、「**同意する**」をクリックします（図5.94❶）。すると「マイアセットに追加されました」という表示が出てくるので、「**Unityで開く**」をクリックします❷。

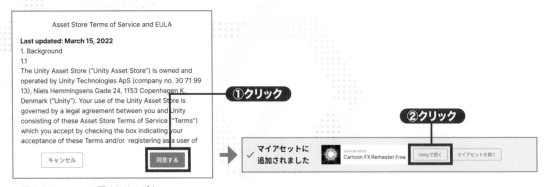

▲**図5.94**：Unityで開くためのボタン

MEMO もし（図5.94）の❷をクリックする前に、表示を閉じてしまったとしても、アセットのページに行けば「**Unityで開く**」ボタンがあるので大丈夫です。

　さて、Unityの画面になったでしょうか。もしログインなどを要求された場合は、画面の指示に従ってください。

　Unityに、英語だらけのウィンドウが出ます。しかし、動揺する必要はありません。まず右下の「**ダウンロード**」ボタンをクリックしましょう（図5.95❶）。ダウンロードが完了したら、❷の「**インポート**」ボタンをクリックできるようになります。これをクリックすると（図5.95）の右側のウィンドウが出てくるので、ここでも「**インポート**」ボタンをクリックします❸。

　少し待つとインポートが終わります。これでアセットが使えるようになりました。**サンプルプロジェクトに入っている素材と同じように、シーンに置いたり、マテリアルを変えたりできる**ようになります。

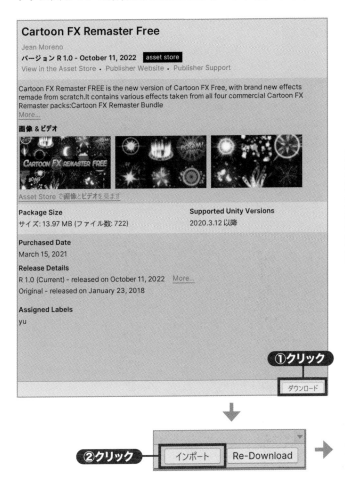

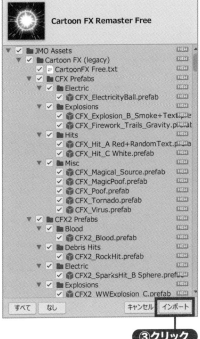

▲**図5.95**：英語だらけで取っつきにくいですが、やるべき操作はシンプル

C#スクリプトが付いていないか注意

　【4-7　できること、できないことをチェックしよう】でも書きましたが、**clusterでは「C#スクリプト」は使えません**。Unityで最初から使えるコンポーネントとごく一部の追加コンポーネント、そしてclusterが用意した「CCK」のコンポーネントだけ使うことができます。アセットストアの素材は、「C#スクリプト」が付いていなさそうなものでも、付いていることがあります。特に**注意したいのがパーティクル（エフェクト）の素材**です。パーティクルをC#スクリプトによって動かしたり、自動で消えたりさせている素材があるのです。

　そういう素材があった場合は、画像のボタンをクリックし、「**コンポーネントを削除**」をクリックしましょう（図5.96❶❷）。C#スクリプトが消えます。もちろん、**もともとあった動きや消滅の機能も消えてしまいますが、それはclusterでは使えないモノ**ですので問題ありません。

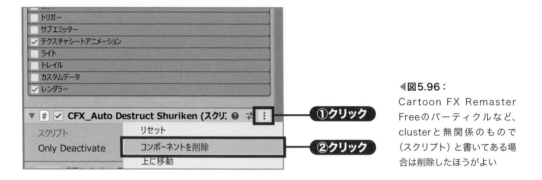

◀図5.96：
Cartoon FX Remaster Freeのパーティクルなど、clusterと無関係のもので（スクリプト）と書いてある場合は削除したほうがよい

> **POINT**
>
> **UnityでのテストプレイではC#スクリプトがフツーに動いてしまうのが注意ポイント。しかしclusterにアップロードすると動かないのです**。最悪アップロードに失敗することもあります……。なお、右のQRコード（CCKコンポーネント早見表）の中に出ているか、Googleで名前を検索してUnityの公式サイトが出てきたコンポーネントの場合はclusterで使える可能性が高くなります。

ただアセットを置くだけでもいいの？

　はい、**買ってきたアセットを床にポンと置いただけでも、立派なワールド**です。ただ、ハイクオリティなアセットはそのままだと「重い」こともあります。一部を**削ったり、軽量化したり、色を変えたり、2つ目のアセットを混ぜたり**していくことで、次第に**「あなたのオリジナル要素が強め」**になっていくことが多いです。

　「何を置くか選ぶのもリッパな創作」、この考えを忘れず気軽にワールドをつくっていきましょう。本書のサンプルプロジェクトに入っている素材もガンガン使ってください。

5-12 少し高度な操作

【4-6　Unityの基本操作を少しチェック】でもUnityの操作は説明しましたが、ここではもうちょっと高度な方法を説明していきます。

モノの動かし方

床やカベを並べるときは、ピタっとくっつけながら置いていきたいですよね。そういうときは、キーボードの［V］キーを押しながら配置していきましょう。端と端がピッタリ付いてくれるようになります（図5.97）。

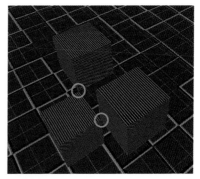

> **MEMO**
> これを「**スナップ**」機能といいます。ただ、端がナナメの形のモノだとあまり上手く並びません。

▲**図5.97**：3つのハコの端がぴったり合っている

視点の動かし方

ワールドをつくっているとき、「**真上からチェックしたい**」「**真横からチェックしたい**」ということもあると思います。これは、シーンの右上にある十字のようなものをクリックすることで可能になります（図5.98）。真上から見たい場合は緑の三角形ボタンを、真横から見たい場合は赤か青の三角形ボタンをクリックしてください。**元に戻したいときは十字の中央の四角をクリック**します。

Persp

真上から見たいときにクリック

戻すときは■をクリック

> **MEMO**
> 元に戻した後、（図5.98）の上図右上のように「Persp」となっていないといつもと同じ感覚で操作できなくなります。少し視点を動かしてみて、「Iso」と表示されている場合はもう一度四角をクリックしてください。

▲**図5.98**：真上からの視点は、ワールドの全体の雰囲気や配置を見るのに便利

ワールド作成

05

5-13 ライトの設定を変えてみよう

【4-7　できること、できないことをチェックしよう】に書いた通り、**clusterではリアルタイムの影は出ません。**しかしハコを置いたとき「暗い面」と「明るい面」が出るようなマテリアルはあります。この暗い面と明るい面は、「ライト」の方向によって決まってきます。

ライトの回転を変える

「シーン5-13A」を開いてください。モノがいくつか置いてありますね。まず、ヒエラルキーの「**ライト**」の子にある「**メインライト**」を選択してください（図5.99❶）。「ライト」はシーン上では透明なのでわかりづらいと思いますが、視点を引いたり回転させたりして探してください。

今回は数字を入力するより**マウスで回転を操作したほうがわかりやすい**ので、回転モードにしましょう❷。そして、赤・緑・青の円をマウスで回していきましょう❸。

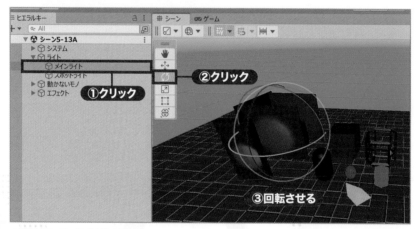

▲図5.99：ライトを回してみる

MEMO　ライトが画面上に出てこなかったら、マウスの中ボタン（ホイール）を回して視点を引いてみてください。

シーンに置いてあるモノの見た目が変わっていますね（図5.100）。**「どちらにライトがあるか」が変わっている**からです。再生ボタンもクリックし、プレイ中の見た目も変わっていることを確認しておいてくださいね。

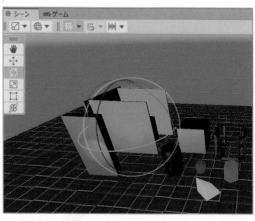

▲図5.100：さっきまでと見た目が違う

ライトの強さ・色を変える

「**メインライト**」には「**Light**」というコンポーネントが付いています。ここの「**強さ**」を1から2にしてみましょう（図5.101❶）。明るさが強くなりましたね。また、「色」を白にしてみると、特にカプセルなどは光っている部分が白っぽくなったはずです❷❸❹。

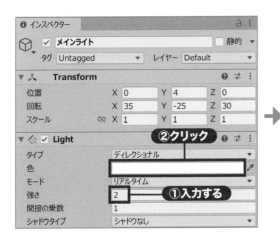

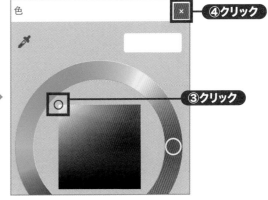

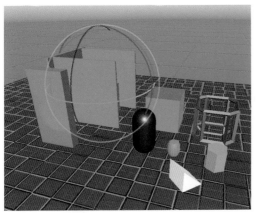

▲**図5.101**：ライトの強さや色を変える方法

ディレクショナルライト（Directional Light）とは

さて、いま見ていた「**メインライト**」は、Unityで一番キホンとなる「**ディレクショナル**」のライトです。（図5.101）をもう一度見てもらうと、たしかに**Light**のタイプに「**ディレクショナル**」という文字が書いてありますね。ディレクショナルは、**位置は無視されて回転（向いている方向）だけに意味があります。**また、カベなどがあっても無視します（図5.102）。

あまり**リアルではないですが、そのぶん軽くて理解しやすい**ライトです。ワールドづくりに慣れてくるまでは、このディレクショナルのライトをワールド内に1つ置いておくだけでよいでしょう。

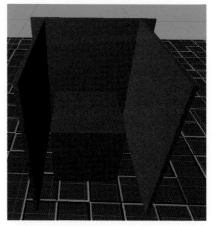

▲**図5.102**：この板にはさまれた内側って全体がもっと暗くなるのでは？　と思うかもしれないが、ディレクショナルライトだけならこんな感じになる。それでもライトと逆側にある左の板だけは暗い色になる

狙った方向だけを明るくするスポットライト

ところで「**ライト**」の子には「**スポットライト**」というものもありますね。

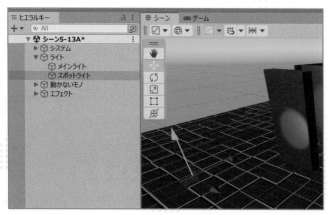

▲**図5.103**：スポットライトを選んだ例。何も見えないが、青矢印の先に丸い光ができている

このライトは、（図5.103）のところにあるハコとカベだけを照らしています。さっきの「**ディレクショナル**」と違い、一部を照らす「**スポット**」なライトです。ただ、サンプルシーンの「**シーン5-13A**」見てもわかる通り、**ハコがあるのに光が突き抜けてしまっています**……このような限界はありますが、「懐中電灯」で暗いワールドを歩きまわるホラーワールドなどでオススメです。

また、「ライト」といっても「光源」の部分、【5-10　サンプルプロジェクトの素材をどんどん使おう】で出てきたランタンの光のような表現は自分で用意しないといけないことに注意してください。（図5.103）を見ればわかる通り、ライトを置いた場所には別に何も見えません。

丸いエリアを照らすポイントライト

今度は「**シーン5-13B**」を開きましょう。「**ライト**」の子に「**ポイントライト**」というのがあります。これはライトを置いた場所を中心に、球の形のエリアを照らしてくれます。

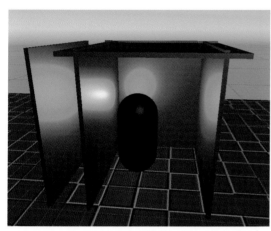

▲**図5.104**：ポイントライトの例。中央にあるカプセルの少し上あたりにライトがある

これも（図5.104）を見ればわかる通り、光がカベを貫通してしまいます。ただ「範囲」を小さくすれば影響は小さめにできます。

よりリアルな光と影を求めるなら「ベイク」を

「**ディレクショナル**」のライトはわかりやすいですが、かなりザックリとした光・陰の表現しかできません。「**スポット**」や「**ポイント**」はもう少し細かいですが、カベを突き抜けるなどリアルでない点も多いです。しかし、**clusterでは、もっとリアルな光と影の表現を感じるワールドもあります**よね。どうやって実現しているのでしょうか？

それは、「**ベイク**」という手法です。この節では軽く見るだけにしますが、「**シーン5-13C**」を開いてみましょう。

「ベイク」は、もともと**動かないことが決まっているモノ**について、**事前に光と影の計算**をすませてしまう機能です。事前に時間をかけて行う計算なので、リアルな影の計算ができます（図5.105）。「**ポイント**」のライトもカベを突き抜けていませんね。

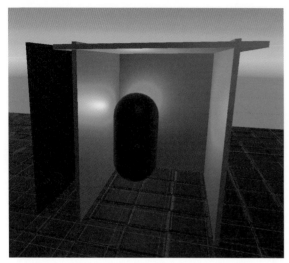

▲図5.105：わかりやすくするため「ディレクショナル」のライトを
　　　　　弱くしている

MEMO

clusterでは、ライトの「モード」がリアルタイム・混合のものは2つまでにしておきましょう。3つめからはリアルタイムできちんと表現されなくなります。

　この「**ベイク**」を使うと、（図5.106）のようなワールドもつくれるわけですね。ただやはり、高等テクニックが必要になります（ベイクについては【7-1　ライトを「ベイク」してみよう】で説明します）。まずは「**ディレクショナル**」なライト1つのワールドでがんばっていくのがよいでしょう。

高千穂マサキ「Piscina di lusso」

▲図5.106：人気ワールド「Piscina di lusso」より。高千穂マサキさんのワールドはライトと影の演出がすばらしい

5-14 スタート位置を変えてみよう

Spawn Pointの場所を変える

この節では、ワールドに入ったときのスタート位置を変えてみましょう。それほど難しくありません。まず、ヒエラルキーから「**システム/開始位置**」というオブジェクトを選択します（図5.107）。**Spawn Point**というコンポーネントが付いていますね。これを**好きな場所に動かすだけ**です。もちろん、「**位置**」を直接入力しても構いません。

「**シーン5-14**」では、下の表のように設定しています。この数字にこだわらなくてもいいので、色々変えてみましょう。

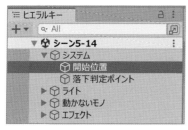

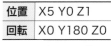

位置	X5 Y0 Z1
回転	X0 Y180 Z0

▲ スタート位置設定（例）

▲**図5.107**：隠れている場合は、システムの左の三角形マークをクリックする

MEMO　ただし、「位置」のYをマイナスにすると床の下からスタートになって落下→再スタートをくり返すことになります……。

なおこのように回転を変えると、開始する向きを変えることもできます。向きの確認は、（図5.108 ❶❷❸）のように、「**ローカル**」にした上で移動ツールを選ぶと確認しやすいです。青矢印が、ワールドに入ったときの方向になります。

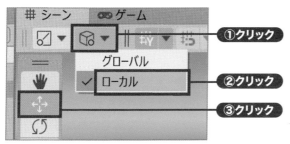

▲**図5.108**：グローバルとローカルの切り換え。
よく使うのでおぼえておく

この方向の確認方法は、【6-9　ワープするボタンをつくろう】でワープボタンを
つくるときなどにも有効ですよ。

Despawn Heightとは

clusterでは床などから落ちてしまうと、最初の位置からやり直しになりますよね。ここで「**どこま
で落ちたらやり直しか？**」を決めているのが、**Despawn Height**というコンポーネントです。サンプ
ルシーン「**シーン5-14**」の中では、「**システム/落下判定ポイント**」というオブジェクトに付いていま
すね（図5.109）。

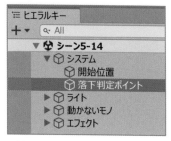

▲**図5.109**：「これより下に落ちたら初期位置に戻される」ポイント

サンプルシーンでは、位置が「X0 Y-9.6 Z0」となっています。ちょっと落ちただけでもやり直しに
したいならYを-2くらいに。床の下に色々モノを置いているならYを-30くらいにしてしまってもいい
ですね。

この節で説明した「**Spawn Point**」と「**Despawn Height**」はclusterのワー
ルドに絶対必要なものです。これがないとアップロードできません。

5-15　空の色を変えてみよう

Unityの初期状態の「空」はそんなにカッコ悪いものでもないです（図5.110）。ただ、この「**空**」を
そのまま使っている人があまりに多いので「またこの空か、うーん……」みたいに思われがち。
サンプルプロジェクトではUnityの初期状態の空とは違うものになってはいますが、この空が合わ
ないワールドもありますよね。なので「**シーン5-15**」を開いて、空の色を変えていきましょう。

▲**図5.110**：ある意味かなり有名なUnityの空

空のマテリアルを変えていく

　プロジェクトの「**マテリアル/空・スカイボックス**」にある「**mat_空_光るオレンジ（スカイボック ス）**」を選択してください（図5.111❶）。基本的にはインスペクターから「**Sky Tint**（空の色）」と 「**Ground**（地面の色）」の数字を変えていけばよいです❷。

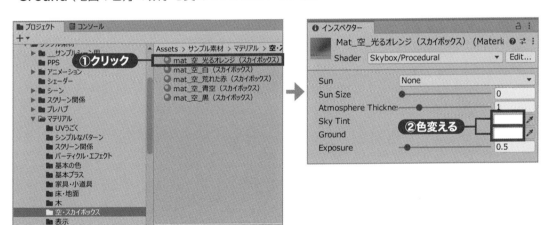
▲**図5.111**：夜の空、赤い空などがカンタンにつくれる

　その他、**Exposure**（露出）を動かすと全体の明るさが、**Atmosphere Thickness**（大気の濃 さ）を動かすと色合いの雰囲気が変わります。

アセットストアから入手するのもオススメ

　アセットストアには**空（スカイボックス）の素材もたくさん置いてあります**。今回使ったマテリアル のようなただの空ではなく、雲や星の画像を使っているものもあります。**無料のものもある**ので、「雲

のきれいな空」「夕焼け」「星空」など、あなたの
つくりたいワールドに合ったものをどんどん試
してみるといいでしょう（図5.112）。

　空の「**マテリアル**」を変更するには、メニュー：
「**ウィンドウ**」－「**レンダリング**」－「**ライティ
ング**」を選び（図5.113❶❷）、さらに「**環境**」
を選びます❸。あとは「**スカイボックスマテリ
アル**」の右にある小さな丸いボタンをクリック
し、使いたいマテリアルを選びましょう❹。

▲**図5.112**：有名無料アセット、Fantasy Skybox FREEより

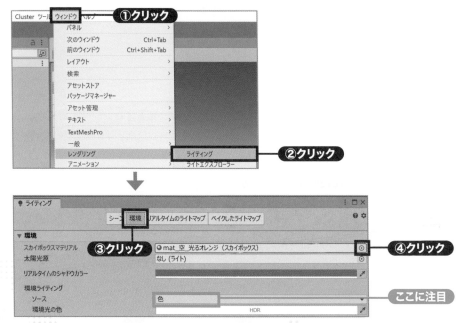

▲**図5.113**：空（スカイボックス）の設定はここから行う

「環境ライティング」の設定に注意

　（図5.113）にも出ている「**環境ライティング**」という項目には注意が必要です。図にある通り、
「**ソース**」が「**色**」なら問題ありません。「**グラデーション**」もOKです。ところが「**スカイボックス**」を
指定すると、**スマホやQuest2でプレイしたときに影の色がおかしく**なってしまうのです。
　ワールドをつくり慣れ、ライティングをがんばりはじめたときは注意してください。

 MEMO 　「**環境ライティング**」は、ワールド全体をどんな色でうっすら照らすか……という感
じの設定です。暗めのワールドにしたいときは、黒に近い色を指定しておきましょう。

5-16 スクリーンを置いてみよう

clusterではワールドに「**スクリーン**」を置くことができます。スクリーンには好きな画像や動画を流したりPDFファイルを表示したりでき、さらにPC*の画面を共有することもできます。【2-13　スクリーンにファイルや画面を表示しよう】でも見ましたね。

MEMO

*少し使いどころが難しいですが、VRの画面を共有することもできます。

スクリーンのデータを入手するには……

スクリーン機能は、GitHubにあるcluster公式のサンプルUnityプロジェクトに入っている「プレハブ」を置くのがカンタンです。まずこちら（https://github.com/ClusterVR/ClusterCreatorKitSample）にアクセスします（図5.114）。そして、「**Code❶**」－「**Download ZIP❷**」をクリックしましょう。データのダウンロードがはじまります。

https://github.com/ClusterVR/ClusterCreatorKitSample

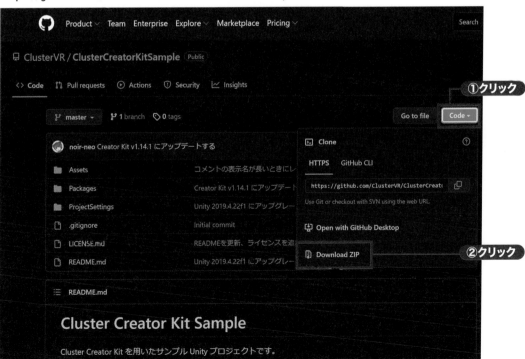

▲図5.114：英語表示が多くわかりにくいかもしれないがデータをダウンロードできればOK

あとは本書のサンプルプロジェクトと同じように展開し、Unityに読み込んでください。展開したフォルダを「プロジェクト」にドラッグ＆ドロップするのが一番ラクですね（図5.115）。

▲**図5.115**：Windowsでの例

スクリーンを配置する

あとは、スクリーンを配置していきましょう。フォルダ名はちょっと長いですが、「ClusterCreator KitSample-master/Assets/ClusterVR/StaticResources/Prefabs」の中にある「**Standard MainScreen**」をシーンかヒエラルキーにドラッグ＆ドロップします（図5.116）。

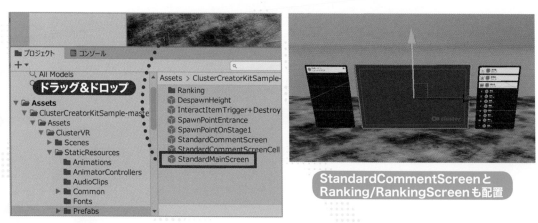

▲**図5.116**：Rankingフォルダ内のコメントスクリーンとランキングスクリーンも置いた例

clusterで色々なイベントに参加してみると、コメントスクリーンやランキングスクリーンの重要さに気付くと思います。イベント会場には、ぜひ3種類のスクリーンを置いておきたいですね。

5-17 ここまで出てきたコトバを整理

第5章では結構ムズかしいコトバがたくさん出てきました。第6章からの基本にもなるので、ここでいったん整理しておきます。

オブジェクト	「モノ」です。Unityの「**ヒエラルキー**」に出ている1つ1つが全部「**オブジェクト**」だと考えるのもシンプルですね
メッシュ	たくさんの三角形でつくられた3Dの形です。単純なハコから、建物やアバターまで
マテリアル	「見た目の設定」です。「**メッシュ**」にどんなテクスチャを使うか、そしてどんな「**シェーダー**」を使うか、「**シェーダー**」の数値はどうするかなどを指定します
テクスチャ	画像です。「**メッシュ**」に貼り付けることで、色々な模様や色の付いた3Dモデルにすることができます
シェーダー	「**マテリアル**」の中心ともいえる存在です。暗い部分をつくるのか、光る部分はあるのか、それともただの単色か、透明部分はあるのか……などの基本設定はもちろん、「**テクスチャ**」が動いたり「**メッシュ**」自体が動いたりする変わったものもあります
スプライト	画像ですが、3Dモデルに貼り付けるのではなく、そのまま表示したいときには「**スプライト**」という名前で扱います。絵や説明書きの展示、プレイヤーのHPやお金などUIの表示に便利
パーティクル	粒のようなものをたくさん同時に表示するエフェクトです。**PPS**と組み合わせるときれいです
PPS（ポストプロセッシングスタック）	ワールドを光らせたり色合いを変えたりできます
アセット	素材のことです。画像、音、**メッシュ**、**パーティクル**などなど……
プレハブ	「**メッシュ**」や「**マテリアル**」のセット。場合によっては親子関係で2つ以上のモノがセットになっています

▲ おぼえておきたい用語

ワールド作成

05

223

5-18 第5章の中身全部入りのサンプル

第5章のまとめとして

「シーン5-9」は、第5章の中身全部入りのサンプルです。**マテリアル、音楽、PPS、パーティクル、画像展示、親子関係、ライト設定、空の色、スクリーン**などひと通り入っています。

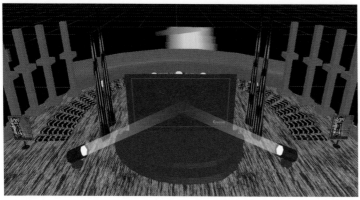

▲図5.117：ちょっと不思議な舞台のようなワールド

このシーンをチェックしたり改変したりして、第5章の内容をちゃんと理解できたか確認してくださいね。clusterにワールドアップロードできるかどうかもしっかりチェックしておきましょう。

「CCK」の機能をほとんど使わなくてもここまでできる

第6章からは**CCK (Cluster Creators Kit)** を本格的に使っていきますが、使わなくてもこれくらいのワールドはつくれるわけです。

ただ、インタラクティブなワールド、つまり**「反応」があるワールドをつくるには第6章からの内容がどうしても必要**になってきます。がんばりましょう。

▲図5.118：色々なものが光ったり動いたりしている

▲図5.119：さまざまなワールドの例（1）

▲図5.120：さまざまなワールドの例（2）

06 「アイテム」作成の基本

CHAPTER 06　6章

「アイテム」作成の基本

いよいよclusterでのワールドのポイント、**「アイテム」**をつくっていきます。プレイヤーが**ボタンを押したりモノを持ったりワープしたり、アイテムが自動で出てきたり**……などをやるには絶対必要な知識です。

6-1　持てる「アイテム」から軌跡を出そう

今回からいよいよ**CCK（Cluster Creator Kit）**の本番、**アイテム**づくりに入っていきます。「**何かに反応する**」「**何かを起こす**」ことができるオブジェクトがアイテムですね。これをおぼえると、ただ探索するだけでなく「反応」まであるメタバースのワールドらしくなってきます。

「アイテム」をつくってみる

5章でも使った**「シーンA練習用」**を開いて、メニュー：**「ファイル」**－**「別名で保存」**から「**シーン6の練習**」などの名前で保存してください（図6.1❶❷❸）。6章では、このシーンにどんどん付け足す形でやっていきます。

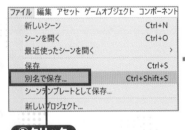

①クリック

▲**図6.1**：練習用シーンを別名で保存

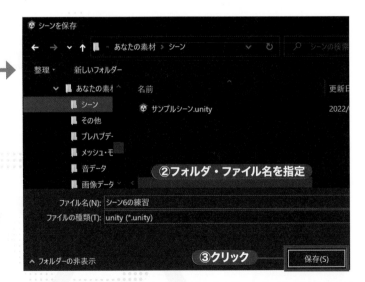

②フォルダ・ファイル名を指定

③クリック

「**シーン6-01**」というシーンには、この節の内容を入れたサンプルも入っています。上手くできなかったときは、サンプルシーンを見てください。

MEMO

ではここに、ハコを置きましょう。ハコをつくるときは、メニュー：「**ゲームオブジェクト**」－「**3D オブジェクト**」－「**キューブ**」でしたね（図6.2❶）。**位置**は「**X0 Y0.1 Z0**」**スケール**を「**X0.1 Y0.1 Z2**」で細長くし、棒みたいにしましょう。名前も「**棒**」にします❷。マテリアルは「**mat_光あり_緑**」にしてみました❸。

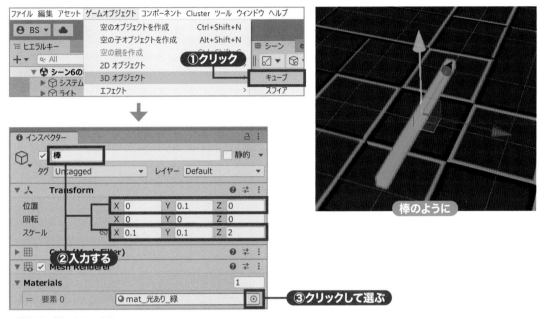

▲**図6.2**：棒のようにする

　この「**棒**」に、「**コンポーネントを追加**」します（図6.3❶）。そして「gra」と入れましょう❷（日本語入力はOFFにしてくださいね）。あとは出てきた**Grabbable Item**を選びます❸。

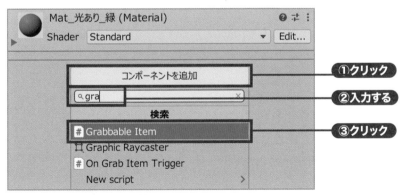

▲**図6.3**：Grabbable Itemを追加

すると、一気に4つもコンポーネントが付きました（図6.4）。

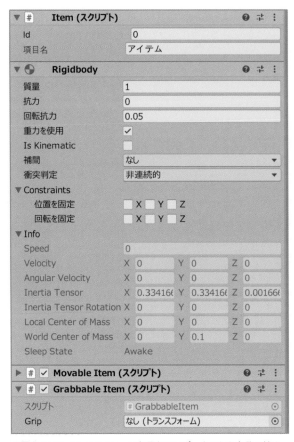

Item (スクリプト)			
Id	0		
項目名	アイテム		

Rigidbody

質量	1		
抗力	0		
回転抗力	0.05		
重力を使用	✓		
Is Kinematic	☐		
補間	なし		
衝突判定	非連続的		

▼ Constraints

位置を固定	☐ X ☐ Y ☐ Z		
回転を固定	☐ X ☐ Y ☐ Z		

▼ Info

Speed	0		
Velocity	X 0	Y 0	Z 0
Angular Velocity	X 0	Y 0	Z 0
Inertia Tensor	X 0.334166	Y 0.334166	Z 0.001666
Inertia Tensor Rotation	X 0	Y 0	Z 0
Local Center of Mass	X 0	Y 0	Z 0
World Center of Mass	X 0	Y 0.1	Z 0
Sleep State	Awake		

✓ Movable Item (スクリプト)

✓ Grabbable Item (スクリプト)

スクリプト	# GrabbableItem
Grip	なし (トランスフォーム)

▲**図6.4**：Grabbable Itemに必要なコンポーネントも自動で付く

MEMO ここからどうしても**英語の名前が多くなります**。英語がニガテな人も、**先頭の3〜4文字だけローマ字読みするとかして**、なんとか付いてきてください……。今回なら「gra（グラ）」とかですね。

再生ボタンをクリックして**棒に近づくと、クリックでこの棒をつかめます**（図6.5）。**Grabbable Itemは「つかめるようにする」**という意味なんですね。ただ、**つかんでいる場所がちょっと微妙**です。これを調整していきましょう。

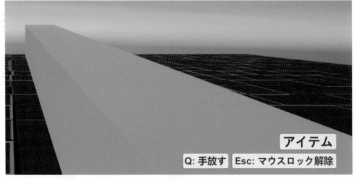

アイテム
Q: 手放す Esc: マウスロック解除

▲**図6.5**：床に落ちた棒をクリックすると、つかめる

つかむ場所を指定する

「**棒**」を選び、右クリックします。「**空のオブジェクトを作成**」をクリックします（図6.6❶❷）。すると「**棒**」の子にオブジェクトができます。

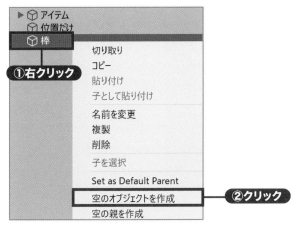

▲**図6.6**：空のオブジェクトを子につくる

名前は「**つかむ**」に、位置は「**X0 Y0 Z-0.5**」にしましょう（図6.7）。ちょうど「棒」の根元あたりに移動します。

▲**図6.7**：名前と位置を変える

MEMO　オブジェクトの名前変更は、ヒエラルキーでオブジェクトを選び [**F2**] を押してもできますよ。

そしてヒエラルキーで「棒」を選択します。**Grabbable Item**のところにある「**Grip**」のところに、ヒエラルキーから「**つかむ**」をドラッグ＆ドロップしましょう（図6.8**①②**）。

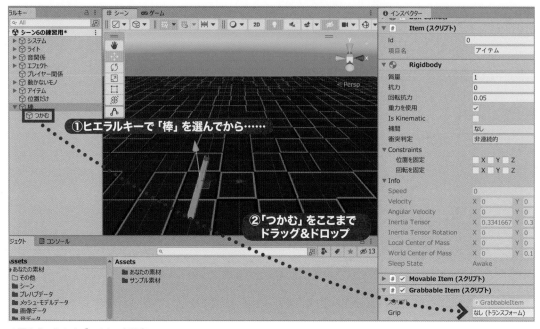

①ヒエラルキーで「棒」を選んでから……

②「つかむ」をここまで
ドラッグ＆ドロップ

▲**図6.8**：Gripに「つかむ」を設定

MEMO

「つかむ」をドラッグではなくクリックする（クリックしてそのままボタンを離す）と「インスペクター」の表示が変わってしまうので注意。**「棒」を選んだ後、「つかむ」を一気にドラッグ＆ドロップ**してしまいましょう。

再生ボタンをクリックすると……棒の根元を持つ感じになりました（図6.9）。

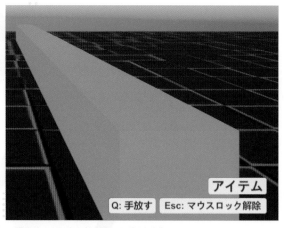

▲**図6.9**：さっきと持っている場所が違う

先から「軌跡」が出るようにする

さらに、この棒の先から「軌跡（きせき）」が出るようにしましょう。**Trail Renderer**というものを使います。Trail（トレイル）というのが軌跡のことですね。

再生を止めてから棒にまた子の「**空のオブジェクト**」をつくります（図6.10❶）。今度の名前は「**先**」、位置が「X0 Y0 Z0.5」です❷。

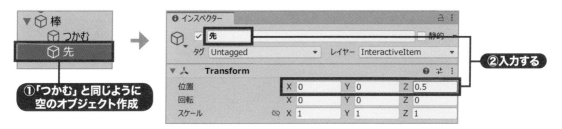

▲**図6.10**：また空のオブジェクトをつくる

そして「**先**」を選んだ状態で「**コンポーネントを追加**」をクリックし（図6.11❶）、「tra」と入れてください❷（日本語入力はOFFですよ）。**Trail Renderer**を選びます❸。

なんかフクザツそうなコンポーネントがまた付きましたね。

再生ボタンをクリックして、棒を持って移動してみると、なんだか棒の先にピンクのヘンなカタマリが付いてきますね（図6.12）。これはマテリアルを設定していない上に、細かい設定もしていないからです。

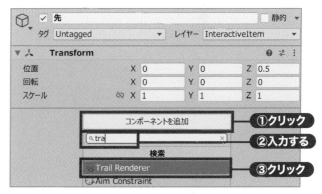

▲**図6.11**：Trail Rendererを追加

MEMO

（図6.12）に出てくる**ピンク色**は「**マテリアルがおかしいよ！ エラー出ているよ！**」という意味です。Unityを使う人ならみんながイヤがる色ですね……。

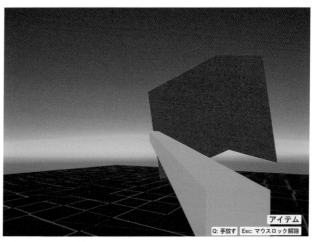

▲**図6.12**：なんだかヘンなことに……

Trail Rendererの設定

　再生を止めてからまずは**マテリアル**を設定しましょう。**Materials**の三角形マークをクリックして開き、マテリアルに「**mat_パーティクル_薄緑**」を選びます（図6.13❶）。「**時間**」を0.5にし、「**幅**」の数字を0.1に❷。赤い線の右のほうで右クリックして「**キーを追加**」❸❹。そして赤い点を一番下まで持っていきます❺。

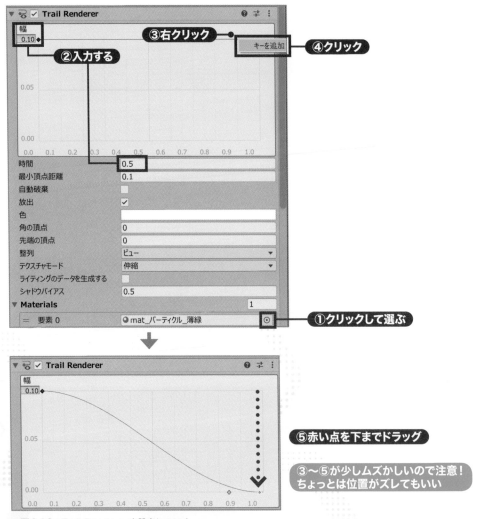

▲**図6.13**：Trail Rendererを設定していく

✏️ **MEMO**　（図6.13）の❸❹❺の設定はちょっと難しいですが、上手くいかなくても、クリックする位置を調整してがんばってみてください。最悪「先」のオブジェクトを全部消してしまい、「空のオブジェクト」から**つくり直してもいいです**。

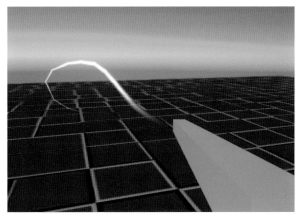
▲図6.14：光が動いている

　そして再生ボタンをクリックすると……**棒を動かすたび、白っぽい緑の光が動く**ようになりましたね（図6.14）。左右だけでなく上下などにも視点を動かすと面白いですよ。

ヒエラルキーの整理も

　【5-9　置いたモノを整理しよう（親子関係）】でやった通り、**アイテムの整理をしておくのがフクザツなワールドをつくっていくときに大事**なことです。「**棒**」は、「**アイテム / つかめる**」の子にしておきましょう。ヒエラルキーで「**棒**」をドラッグして、「**つかめる**」の上で離せばOKでしたね（図6.15）。

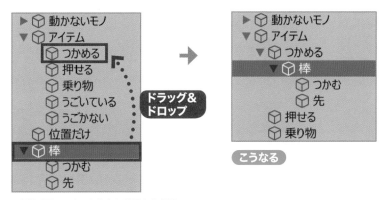
▲図6.15：いまのうちから整理を心がける

まだ全部をおぼえなくても大丈夫

　今回は「棒」だけで、**よくわからないコンポーネントが4つも付きました**。でも細かい意味はまだおぼえなくてもいいです。いまのところは、「**つかめるアイテムをつくりたいなら、grabなんとかを使う**」くらいで構いません。

6-2 ボタンからパーティクルを出してみよう

第6章では、同じシーンにどんどん要素を追加していきます。【6-1　持てる「アイテム」から軌跡を出そう】でつくった「棒」があるシーンに、今度は**ボタンを追加**していきましょう。

6-1 にさらにボタンを追加

メニュー：「**ゲームオブジェクト**」―「**3Dオブジェクト**」―「**シリンダー**」で円柱を追加します（図6.16❶）。**設定項目は、この節から表にまとめます。**下の表のように設定します❷❸。

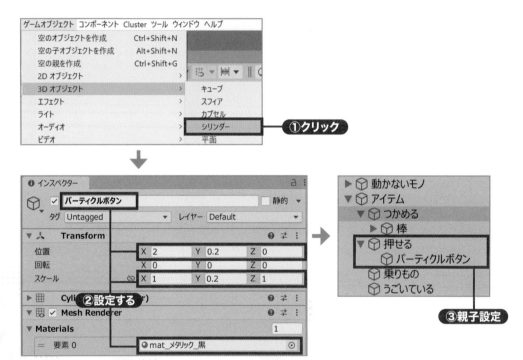

▲**図6.16**：ボタンの形をつくる

名前	パーティクルボタン
位置	X2 Y0.2 Z0
スケール	X1 Y0.2 Z1
マテリアル	mat_メタリック_黒
配置場所	アイテム/押せる

▲ パーティクルボタンの設定

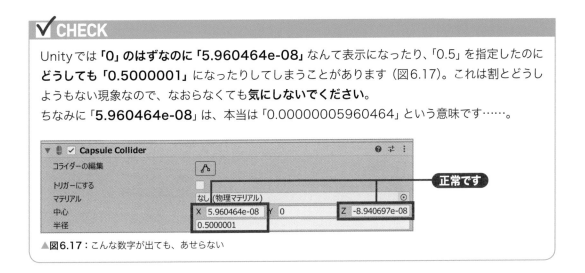

CHECK

Unityでは「0」のはずなのに「5.960464e-08」なんて表示になったり、「0.5」を指定したのにどうしても「0.5000001」になったりしてしまうことがあります（図6.17）。これは割とどうしようもない現象なので、なおらなくても気にしないでください。

ちなみに「5.960464e-08」は、本当は「0.00000005960464」という意味です……。

▲図6.17：こんな数字が出ても、あせらない

Interact Item Triggerを付ける

では「コンポーネントを追加」ボタンをクリックし、「inte」と入れて「Interact Item Trigger」を選んでください（図6.18❶❷❸）。日本語入力はOFFに。そして「＋」ボタンをクリックします❹。

▲図6.18：Interact Item Triggerを付け、「＋」ボタンをクリック

すると、（図6.19）のようになるので、Thisというところの右に「oshita」と書きます。やはり日本語入力はOFF、全部小文字にしておいてください。これで、ボタンをクリックしたときに反応させる準備ができました。

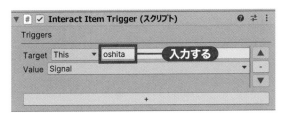

▲図6.19：小文字で入れる

Create Item Gimmick を付ける

また「**コンポーネントを追加**」ボタンをクリックし、「cre」と打って「**Create Item Gimmick**」を選んでください（図6.20❶❷❸）。

そして**Key**というところの右に「**oshita**」と入力します❹。**さっき入れたのと全く同じにしてください**。あとは**Item Template**のところに、プロジェクトの「**プレハブ/パーティクル・エフェクト**」から「**pre_パーティクル_赤白い玉**」をドラッグ＆ドロップしてください❺。

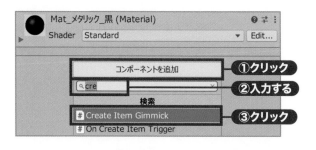

▲**図6.20**：Create Item Gimmickの設定

そして再生ボタンをクリックし、シーンにある黒いボタンをクリックすると……パーティクルが出てきましたね（図6.21）。ついでに音も鳴ります。

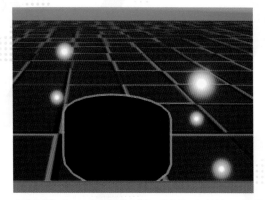

▲**図6.21**：シーンにある黒いボタンをクリックすると、パーティクルが出てくる

> ✏️ **MEMO**
>
> **Create Item Gimmick**は名前通り、「**Item**」というコンポーネントが付いているものしかつくれません。ただ、このサンプルプロジェクトの赤白い玉には最初から**Item**を付けておいたので気にしなくてOKです。

トリガーとギミックの関係

　今回、トリガー (**Interact Item Trigger**) とギミック (**Create Item Gimmick**) が出てきました。この関係についてちょっと説明します。（図6.22）を見てください。

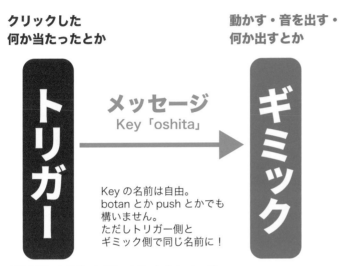

クリックした
何か当たったとか

動かす・音を出す・
何か出すとか

メッセージ
Key 「oshita」

Key の名前は自由。
botan とか push とかでも
構いません。
ただしトリガー側と
ギミック側で同じ名前に！

▲**図6.22**：トリガーとギミックをつなぐメッセージ

　「**トリガー**」は、**何かが起きたことを知らせる**もの。今回の場合はボタンがクリックされた、ということを知らせてくれます。「**ギミック**」は**何かを起こす**もの。今回は、「**pre_パーティクル_赤白い玉**」というパーティクルをつくってくれます。

　その間をつなぐのが「**メッセージ**」です。「○○の**トリガー**が発生したから、**ギミック**を発動させてくれ」という命令を送ってくれます。「**メッセージ**」には「**Key**」という文字が付いていて、「**トリガー**」や「**ギミック**」が2つ以上付いていても区別できるようになっています。

MEMO　Keyの名前は、英語なら「**OnInteract**」とか「**OnInteracted**」でしょうか。しかし本書では英語がニガテな人のため、「**oshita**」のようにローマ字ゴリ押しでいきます。

「アイテム」作成の基本

パーティクルの中身をチェック

　パーティクルについても少し見てみましょう。【5-7　パーティクル（エフェクト）を出してみよう】でもパーティクルはつくりましたが、あのパーティクルはずっとループし続けるものでした。しかし今回はボタンをクリックしたときだけ表示されて欲しいものですよね。ですから、「**ループ**」のチェックがOFFになっています（図6.23）。

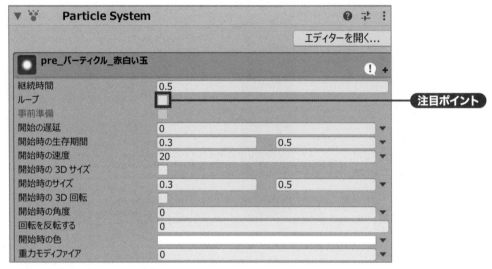

▲**図6.23**：「プロジェクト」から赤白い玉のパーティクルを選んでいく

実はパーティクルは消えたように見えても、空のオブジェクトが残っています。この問題を解決するには、【6-7　あちこちから的が出てくるようにしよう】の知識が必要になります。

6-3　プレイヤーのスピードを設定しよう

　プレイヤーの**スピード変更はちょっと難しい内容**なのですが、**初期状態（デフォルト）の速度では****ちょっと遅い**と感じる場面も多いです。そのままでは**テストプレイがしづらい**ときもあります。そこで、プレイヤーの移動速度変更をいまのうちにやってしまいましょう。中身はまだ理解できなくても、**とりあえず書いてある通りに設定**すればよいです。

プレイヤーの速度とジャンプ力

ヒエラルキーの「**プレイヤー関係**」を選んで右クリックしてください。「**空のオブジェクト**」を選び、「**プレイヤー初期化**」という名前にします（図6.24）。

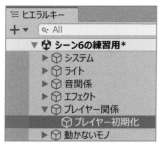

▲**図6.24**：空のオブジェクトをつくり、名前を変える

では、「**プレイヤー初期化**」にコンポーネントを付けていきます。「**コンポーネントを追加**」で「**spe**」と入れ、**Set Move Speed Rate Player Gimmick**を追加しましょう（図6.25❶❷❸）。さらに「**jum**」と入れて**Set Jump Height Rate Player Gimmick**を追加しましょう❹❺❻。

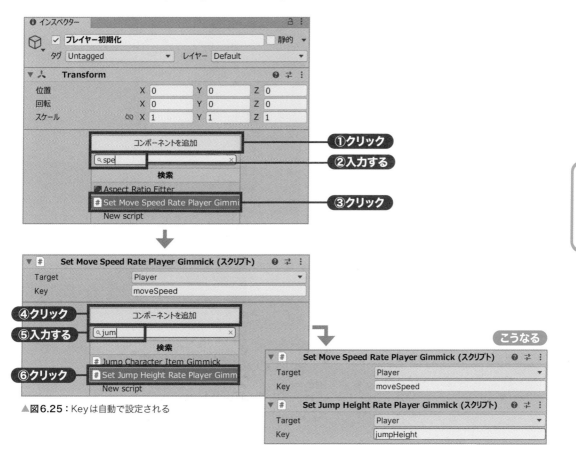

▲**図6.25**：Keyは自動で設定される

On Join Player Trigger

つづけて「**コンポーネントを追加**」(図6.26❶) で「joinp」と入れ❷、**On Join Player Trigger**をクリック❸。次に「**＋」ボタンを2回クリック**してください (速度とジャンプ力で2つあるため) ❹。

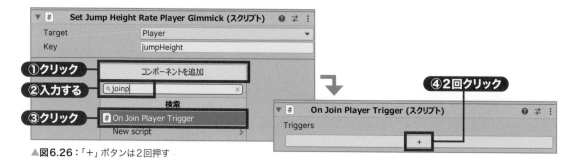

▲**図6.26**：「＋」ボタンは2回押す

Valueはどちらも「**Float**」を選んでください (図6.27❶)、**ここは大事です**。そしてTargetの右側に「**moveSpeed**」と「**jumpHeight**」。最後に**Float**の右に、半角で「**3**」を入れてください❷。

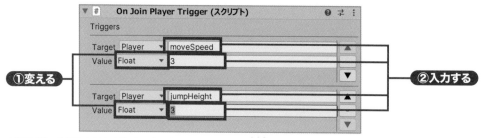

▲**図6.27**：英語入力が大変だが、がんばって。小文字と大文字にも注意

再生ボタンをクリックしてみると……プレイヤーが速く動きますね (図6.28)。[**Space**] でジャンプをさせてみると、ジャンプ力も上がっていることがわかります。

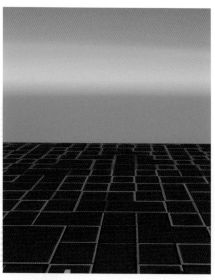

▲**図6.28**：画像ではわかりにくいが、高く飛べている

いちおう説明するなら……

ここはムズかしければ飛ばしてもいいです。

【6-2　ボタンからパーティクルを出してみよう】では、アイテムがアイテム自身（**This**）に「**メッセージ**」を送っていました。今回は、プレイヤー（**Player**）にメッセージが送られています。

On Join Player Triggerはちょうど入室してきたプレイヤーにメッセージを送ってくれます。今回は「**moveSpeed**」と「**jumpHeight**」というメッセージを送信。**Set Move Speed Rate Player Gimmick**と**Set Jump Height Rate Player Gimmick**がメッセージに反応してくれて、スピードとジャンプ力が上がる（3倍になる）のです。

> 「プレイヤーへのメッセージ送信」「数字付きのメッセージ送信」と、ムズかしめの内容が2つも出てきます。とはいえテストプレイをするにも移動速度が速くないと面倒なので、ここで解説しておきました。このあたりは**特別追加記事でも説明しています。**

> Floatの指定はとても大事です。忘れないでくださいね。Signalにすると（図6.29）、プレイヤーの速度が異常に速くなってテストプレイ時の表示がメチャクチャになることも……（別にパソコンやUnityが壊れたりはしませんが）。

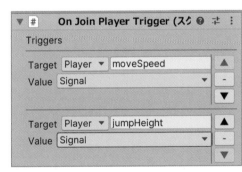

▲図6.29：Signalにしてしまった例。これは正常に動かない

6-4 投げられるボールをつくろう

次は**投げられるボール**をつくってみましょう。ちょっとずつメタバースのワールドっぽくなってきました。

ボールを置く

メニュー：「**ゲームオブジェクト**」－「**3D オブジェクト**」－「**スフィア**」で球を置きます（図6.30 ❶）。あとは下の表のように設定していきましょう❷❸。

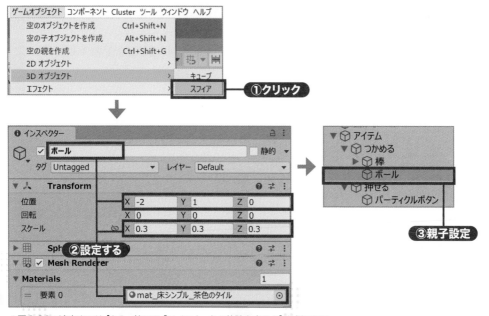

▲**図6.30**：途中までは【6-1 持てる「アイテム」から軌跡を出そう】と似ている

名前	ボール
位置	X-2 Y1 Z0
スケール	X0.3 Y0.3 Z0.3
マテリアル	mat_床シンプル_茶色のタイル
配置場所	アイテム/つかめる

▲ ボールの設定

 MEMO このように、「床」と名前が付いているマテリアルを**床じゃないモノ**に使っても全然構いません。自由な発想でいきましょう。

このボールを、【6-1　持てる「アイテム」から軌跡を出そう】と同じやり方で持てるようにします。「**つかむ**」の位置を、今回は「X0 Y-0.7 Z0」にしておきましょう（図6.31❶❷）。**Grip**の指定も忘れないで❸。

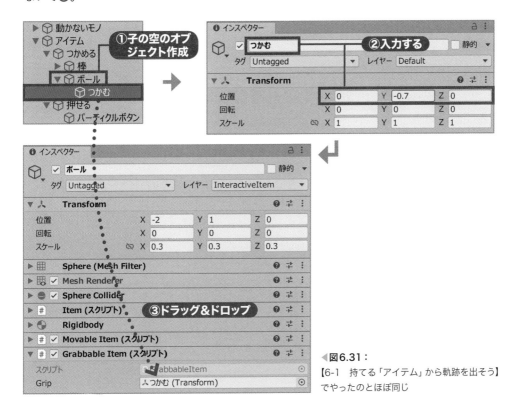

◀**図6.31：**
【6-1　持てる「アイテム」から軌跡を出そう】でやったのとほぼ同じ

「離した」ときの処理

これでもうボールをつかめるわけですが、今回は**離したときに飛んでいく**ようにします。「**コンポーネントを追加**」から、「rel」を入れて **On Release Item Trigger** を追加（図6.32❶❷❸）。アイテムを**離したときに発動するトリガー**です。つづけて**「＋」**ボタンをクリックし、Targetの右に「**nageru**」と入れます❹❺。

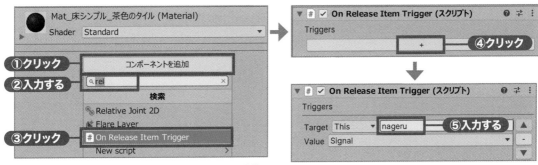

▲**図6.32：**まず、ボールを離したときに反応できるよう準備

さらに「コンポーネントを追加」から「for」と入れて **Add Instant Force Item Gimmick** を付けます（図6.33**❶❷❸**）。モノを動かすギミックです。

Key は「**nageru**」にして、「**Force**（力）」の「**Z**」を「**20**」に**❹**。「**Ignore Mass**（重力無視）」にもチェックを入れましょう**❺**。

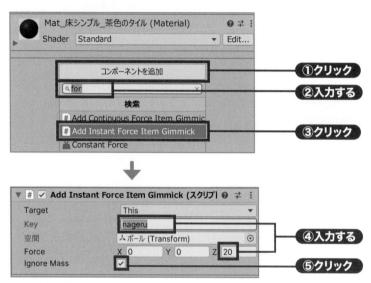

▲**図6.33**：ボールを飛ばす部分

再生ボタンをクリックして、ボールをつかんだ後に離す（[**Q**]）と……ボールが飛んでいきました（図6.34）。

▲**図6.34**：ボールが飛んでいく

MEMO

上のほうを向いて投げると高く投げられますよ。

ボールが飛ぶ流れ

今回はボールを「離した」ときにトリガーが発生するようになっています（図6.35）。ギミックは**Add Instant Force Item Gimmick**、モノを動かすとき一番使いやすいギミックです。「Force」の「Z」というのはボールの正面。そちらに20の力を加えています。40とか60にすれば、当然スピードは速くなります。またボール自体の重さを考えるとややこしくなるので、**Ignore Mass**（重力無視）にチェックを入れています。

On Release Item Trigger

ボールを離したときに発動するトリガー

メッセージ
Key「nageru」

ボールを前に飛ばすギミック

Add Instant Force Item Gimmick

▲**図6.35**：ボールを離すと前に飛ぶ流れ

✓CHECK

「ローカル」の設定にして移動ツールを選んだとき、
赤矢印：X　緑矢印：Y　青矢印：Zです（図6.36）。

▲**図6.36**：赤緑青がXYZに対応

銃や乗りものなどに使っていくこともできるので、この**Add Instant Force Item Gimmick**はしっかりおぼえておきましょう。

6-5 的をつくって音を出そう

前節で投げられるボールをつくりましたから、**今回は的をつくってみましょう。** さらに、的に当たると音が鳴るようにします。

的をつくる

メニュー：「**ゲームオブジェクト**」－「**3Dオブジェクト**」－「**キューブ**」でハコをつくります（図6.37 **❶**）。あとは、いつも通り下の表のように設定していってください**❷❸**。

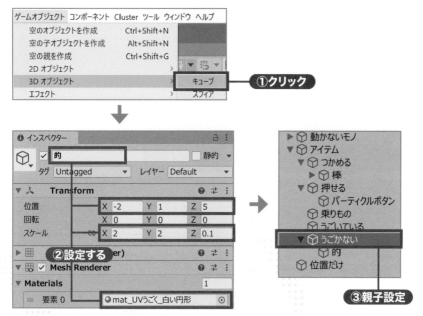

▲**図6.37**：ハコをつくり、薄くして板のように

名前	的
位置	X-2 Y1 Z5
スケール	X2 Y2 Z0.1
マテリアル	mat_UVうごく_白い円形
配置場所	アイテム/うごかない

▲ 的の板の設定

ボールの衝突判定（ぶつかる判定）を変える

　まず、このままプレイしてみましょうか（図6.38）。【6-4　投げられるボールをつくろう】でつくったボールを投げると、この的にぶつかりますね。ただときどき（しょっちゅう？）、的を突き抜けて向こうに飛んでいってしまうことがあるかもしれません。これは「衝突判定（ぶつかる判定）」のタイミングを変えることでマシになります。

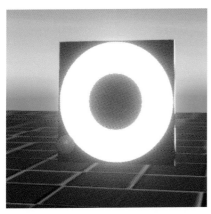

▲図6.38：模様が動く板ができている

　ヒエラルキーなどで「ボール」を選び、Rigidbodyの「衝突判定」を「連続的」に変更します（図6.39❶❷）。これで、的を突き抜けることはあまりなくなったはずです。「非連続的」にしたほうが少し軽いですが、的を突き抜けてしまうのは困るので、「連続的」がいいでしょう。

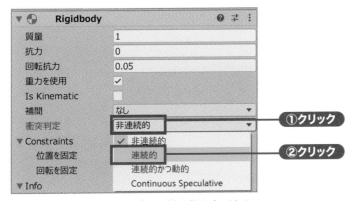

▲図6.39：「連続的」にするとボールが突き抜けづらくなる

MEMO　（図6.39）に見えている「**Continuous Speculative**」は、「ギリギリぶつかってないはずなのに、ぶつかった……」となることもあるようです。「**連続的かつ動的**」は処理が一番重いものの、高信頼度。それでもダメなら板を厚くするのも手です。

音を鳴らす準備

では、的にモノが当たったときに音が出るようにしましょう。まず「**的**」を右クリックし（図6.40 ❶）、「**空の親を作成**」をクリックしてください❷。名前は「**的アイテム**」にしましょうか❸。この「**的アイテム**」の位置を「X-2 Y1 Z5」にして、代わりに「**的**」の位置は「X0 Y0 Z0」にします❹❺。

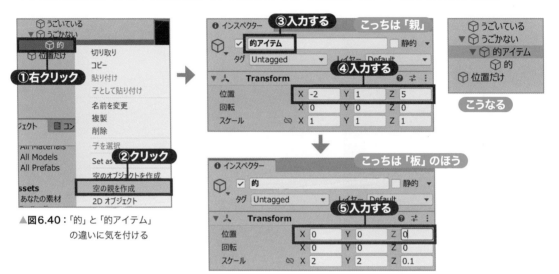

▲図6.40：「的」と「的アイテム」の違いに気を付ける

> **MEMO**
> アイテムも機能がフクザツになってくると理解しづらくなります。なので、「**空のオブジェクト**」をアイテムとし、その子に「**見た目**」「**音**」などを分けて整理するとわかりやすくなるんです。

つづけて「**的アイテム**」をインスペクターで見て、「**コンポーネントを追加**」で「oncol」と入力します。表示された **On Collide Item Trigger** を追加してください（図6.41 ❶❷❸）。「**ぶつかった判定**」ができるトリガーです。そうしたら「**＋**」**ボタン**をクリックしましょう❹。

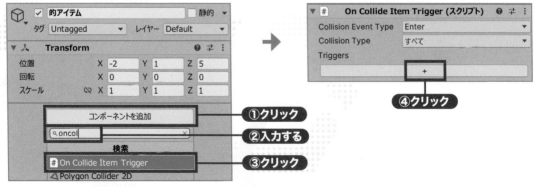

▲図6.41：On Collide Item Triggerを追加し、「＋」ボタンをクリック

Targetの右のほうに「atari」と入力（図6.42①）。さらに「コンポーネントを追加」で「rig」と入力、Rigidbodyを付けます②③④。「重力を使用」をOFFに、Is KinematicをONにします⑤。

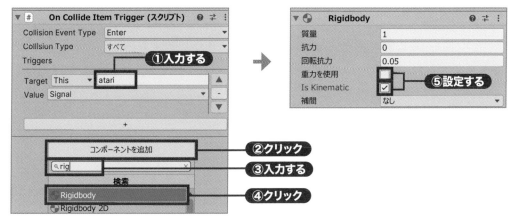

▲図6.42：「atari」というKeyの入力と、Rigidbodyの追加・設定

 MEMO　モノが当たった判定をチェックしたい場合、基本的にRigidbodyが必要です。ただ、これを付けると**勝手にモノが重力で落下したり倒れたりしてしまいます**。なので、⑤で重力を無効にしているわけです。

これで、「何か当たった」という判定の準備ができました。つづけて、**的アイテム**を右クリックし、**空のオブジェクトを作成**を選択。名前は**音**とします（図6.43）。もう空のオブジェクトのつくり方には慣れましたか？

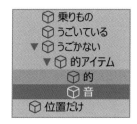

▲図6.43：名前を「音」にする

音を鳴らす設定

「音」を選び、「コンポーネントを追加」をクリックします（図6.44❶）。「playa」と入れて**Play Audio Source Gimmick**を選びます❷❸。**Audio Source**の「**オーディオクリップ**」に「**音/効果音**」フォルダの「**snd_ヒット_普通00**」を設定します❹。「ゲーム開始時に再生」のチェックはOFFにしておきましょう❺。

▲**図6.44**：Play Audio Source Gimmickを付け、
自動で付くAudio Sourceの設定をする

Play Audio Source Gimmickで、TargetをItemに変更（図6.45❶）。Keyは「**atari**」に❷。そして**Item**のところに、ヒエラルキーから「**的アイテム**」をドラッグ&ドロップしましょう❸。

長かったですが、これでOKです。再生ボタンをクリックすると、ボールを当てるたびに音が鳴るようになったはずです。

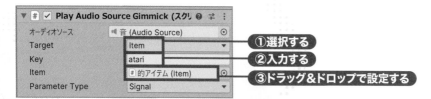

▲**図6.45**：Play Audio Source Gimmickの設定をする

 MEMO　そろそろ素材を割り当てるやり方、おぼえてきましたよね。今回の**（図6.44）に出てきたオーディオクリップ**なら、右にある小さい丸ボタンをクリックして選ぶのでも、「音/効果音」フォルダをプロジェクトで開いてドラッグ&ドロップするのでも、どちらでもOKです。今後は割り当てる操作の説明をカットするので、十分慣れておいてください。

今回の流れをチェック

少しフクザツになってきたので、今回の流れをまとめておきましょう（図6.46）。

キホンは「ぶつかるトリガー」→「音が出るギミック」ということだけです。これまではトリガー・ギミックは同じオブジェクトに付ける形ばかりでしたが、今回の音部分は**トリガーとギミックが別のオブジェクト**になってますね。

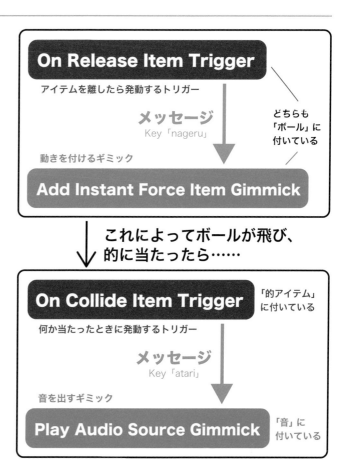

▲図6.46：ボールを飛ばし、的に当たったら音が出る流れ

✔CHECK

普通のトリガー・ギミックは1つのItemにどんどん追加していくことになります。トリガーやギミックがいくつも付くと、非常にわかりづらくなります……。

しかし、**Play Audio Source Gimmick**など一部のギミックはItemが付いていないオブジェクトにも付けられるので、子などに分散して見やすくできるんですね（図6.47）。

▲図6.47：「的アイテム」と「音」は別のもの。こうして分けると見やすくなる

6-6 ボールが出てくるマシンをつくろう

【6-5　的をつくって音を出そう】ではボールが1つ置いてあるだけですね。ですが3人くらい人がいるとき、ボールが1つだと面白くありません。「**ボールが出てくるマシン**」をつくってみましょう。

ボールを「プレハブ」にする

プロジェクトの「**あなたの素材/プレハブデータ**」を開いておいてください（図6.48）。

そしてヒエラルキーで「**ボール**」を選択し、「**プレハブデータ**」のフォルダの空きスペースにドラッグ&ドロップします。すると、プロジェクトの中に「**ボール**」ができて、**アイコンが青色に**なったはずです。この状態が、「プレハブにした」ということです。

プレハブとは何か、まずは次のようにおぼえるといいでしょう。

- メッシュ・マテリアル・その他コンポーネントまで**まとめたセット**
- **子まで含めて保存可能**（今回なら「つかむ」の部分まで保存されています）
- 他のシーンでも流用可能

さて、今回目指すのは「ボールが出てくる機械」。つまりボールをシーン内に「つくる」ことです。そして**CCKからアイテムをシーン内につくりたい（出したい）ときは、基本的にプレハブでないとダメ**なのです。

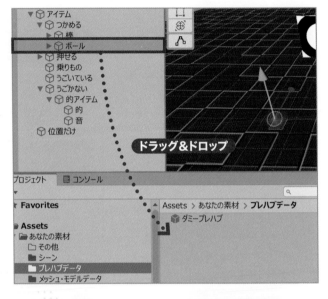

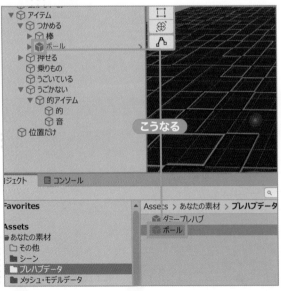

▲**図6.48**：「プロジェクト」へのドラッグ&ドロップでプレハブにできる

マシンをつくる（準備）

　「**メッシュ/家具・小道具**」から「**mesh_小物_シンプル機械風**」をシーンに置きましょう（図6.49 ❶）。下の表のように設定していってください❷。

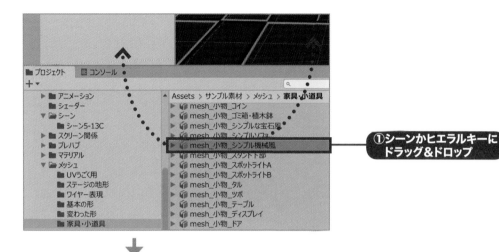

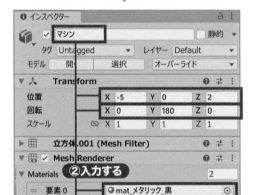

①シーンかヒエラルキーに
ドラッグ&ドロップ

②入力する

名前	マシン
位置	X-5 Y0 Z2
回転	X0 Y180 Z0
マテリアル	要素0 …… mat_メタリック_黒 要素1 …… mat_光あり_青
配置場所	アイテム/押せる

▲ マシンの設定

▲**図6.49**：機械のようなものを置き、マテリアルなどを設定

　なんとなく機械っぽく見えるでしょうか（図6.50）。今回のように、メッシュによっては**マテリアルを2つ設定できるものも**あります。このマシンの場合、ボタン部分とそれ以外ですね。色分けがやりやすくなっています。

▲**図6.50**：黒と青のマシン

今回はマテリアルが2つもあるせいで、ひょっとしたらインスペクターの表示がものすごくタテ長になっているかもしれません。こういうときは**三角形マークをクリックして、いま操作していないものを隠すようにする**と見やすいですよ（図6.51）。

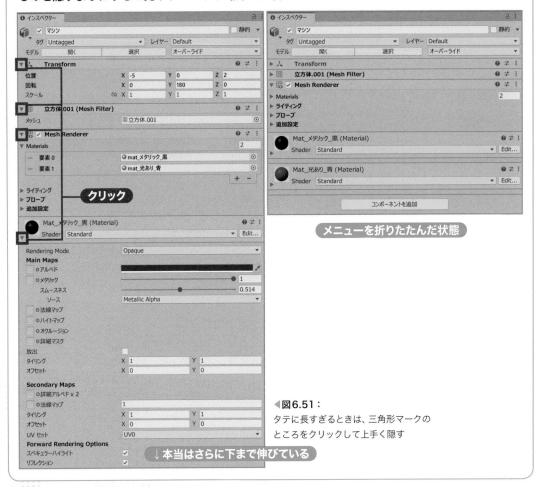

クリック

メニューを折りたたんだ状態

◀**図6.51：**
タテに長すぎるときは、三角形マークの
ところをクリックして上手く隠す

↓本当はさらに下まで伸びている

マシンをつくる（コンポーネント）

　では、「**マシン**」を選んで「**コンポーネントを追加**」していきます。追加するのは【6-2　ボタンからパーティクルを出してみよう】でも出てきた**Interact Item Trigger**です（図6.52）。**Target**の右に入れるKeyは今回も「**oshita**」でいいでしょう。わからなければ【6-2　ボタンからパーティクルを出してみよう】に戻って確認してくださいね。

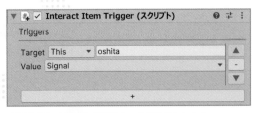

▲**図6.52：**もうコレの付け方、おぼえましたか？

そしてまた「**コンポーネントを追加**」で「**Create Item Gimmick**」を選びます。Keyに「**oshita**」を入れます（図6.53）。これも【6-2　ボタンからパーティクルを出してみよう】と同じです。

▲**図6.53**：Create Item Gimmickを追加し、Keyを設定

では、プロジェクトの「**あなたの素材/プレハブデータ**」を開いてください。「ボールをプレハブにする」の項目で保存したボールのプレハブが入っていますか？　入っていたら、これを**Item Template**のところに、ドラッグ＆ドロップしましょう（図6.54）。

▲**図6.54**：ボールのプレハブをItem Templateというところにドラッグ＆ドロップ

ここで再生ボタンをクリックしてみます。すると、（図6.55）のように表示されます。しかしこのマシンはクリックできません。これは、「**コライダー**」が付いていないからです。

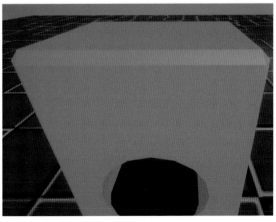

▲**図6.55**：マシンがクリックできない

これまでのハコやボールはUnityが自動で「**コライダー**」を付けてくれていましたが、サンプル素材の**メッシュにはコライダーが付いていません**。なので、手動で付ける必要があるのです。

まず再生を止めましょう。そして「**コンポーネントを追加**」でBox Colliderを選びます（図6.56❶❷❸）。このコンポーネントは、これまでハコをつくったとき、自動で付いていたものです。

▲**図6.56**：コライダーを付け、これまでのハコなどと同じようにする

あらためて再生ボタンをクリックすると……今度こそ、マシンをクリックするたびにボールが出るようになりましたね（図6.57）。ただ、ボールが出る場所が少しわかりにくいです。ここを変えましょう。

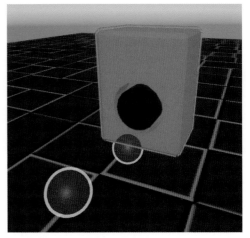

▲**図6.57**：ボールがどんどん出た

ボールが出てくる場所を変える

ヒエラルキーで「**マシン**」を右クリックし、「**空のオブジェクトを作成**」を押します。下の表のように設定していきましょう（図6.58❶）。そして「**マシン**」をあらためて選び、**Create Item Gimmick**の「**Spawn Point**」に「**でる**」をドラッグ＆ドロップします❷。

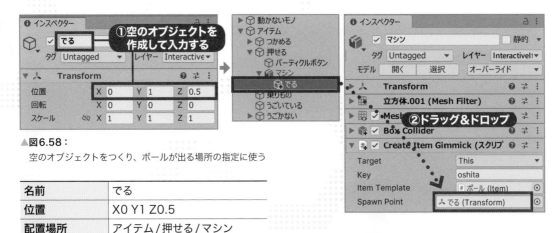

▲**図6.58**：
空のオブジェクトをつくり、ボールが出る場所の指定に使う

名前	でる
位置	X0 Y1 Z0.5
配置場所	アイテム / 押せる / マシン

▲ でるの設定

再生ボタンをクリックしてマシンをクリックすると、ボールが出てくる場所が変わりましたね（図6.59）。ボールがいくらでも出てくるようになったので、もともとシーンの中に置いてあった「**ボール**」は消してしまってもいいでしょう。選んで [Delete] を押すか、メニュー：「**編集**」ー「**削除**」です。

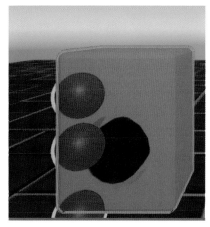

▲**図6.59**：ボールが出る場所が変わった

注意点

　このマシン、クリックするとどんどんボールが出てきます。**最後にはワールドがボールだらけになってしまいます**。これでは処理が重いですし、clusterのサーバーに余計な負担がかかってしまうかもしれませんね……。対策については特別追加記事で説明しますが、まずは「あまりボールを出しすぎないでね」とかいう注意書きを置いておくのもいいでしょう（図6.60）。

　また、今回できたものを見ると「ドッジボールとか面白そう」と思うかもしれません。しかし**cluster はマルチプレイ**ですから、自分の投げたボールはスムーズに動いていても、**相手から投げられたボールは結構カクカク動いて**見えます。ですから対戦系よりは、みんなでワーワーと大きな敵にぶつけたりする感じのほうがまだ上手くいくかもしれません。

▲**図6.60**：根本的解決にはならないが、やらないよりはマシ

MEMO

マルチプレイでどんな体験になるかまで考えないといけないのが、メタバースのワールド（特にゲームっぽいもの）のムズかしいところですね……。

6-7 あちこちから的が出てくるようにしよう

ボールはたくさん出てくるようになりましたが、的は１つですね。これだとちょっと面白くないので、**的が自動で出てくる仕組み**をつくりましょう。長くなりますが、がんばってください。

的アイテムをプレハブにする

【6-6　ボールが出てくるマシンをつくろう】と同じように、的アイテムをプレハブにします。その前に、「何か当たったら的が消える」ようにしましょう。「**的アイテム**」を選び、「**コンポーネントを追加**」をクリックし、**Item Timer**を追加します（図6.61❶）。そして下の表のようにパラメータを設定していきます❷❸❹。

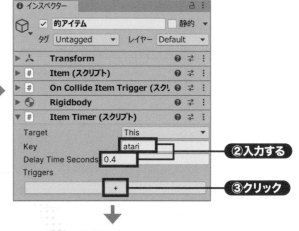

▲**図6.61**：Item Timerを追加し設定していく

 MEMO

シーンから的をクリックすると「**的アイテム**」ではなく「**的**」を選んでしまうことが多いので注意。こういうときはヒエラルキーから選ぶほうがいいですね。

そろそろコンポーネントの追加にも慣れてきたでしょうか？

コンポーネント	Item Timer
Key	atari
DelayTime Seconds	0.4
———	
Target(This)	kieru

▲Item Timerの設定

さらにもう1つコンポーネント（Destroy Item Gimmick）を追加して設定しましょう（図6.62❶❷）。**アイテムを破壊する**コンポーネントです。

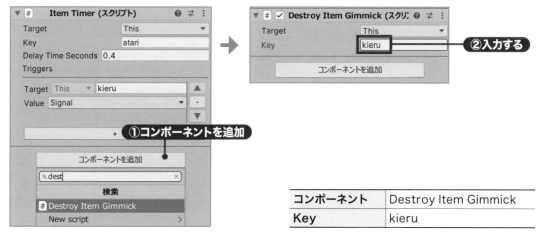

▲**図6.62**：Destroy Item Gimmickを追加し、設定

▲ Destroy Item Gimmickの設定

コンポーネント	Destroy Item Gimmick
Key	kieru

再生ボタンをクリックしてみて、マシンからボールを出し、的にぶつけてみましょう。的がちゃんと消えたでしょうか？　今回は**Item Timer**というのを使っています。少し待ってからメッセージを送れる便利なコンポーネント。「**atari**」のメッセージを受けとると、0.4秒ほど待ってから「**kieru**」というメッセージを送るわけです。

そして「**kieru**」を受けとった**Destroy Item Gimmick**でアイテムが消えます（タイマーを使わないと一瞬で「的アイテム」が消えてしまいます。そうなると「音」も消えてしまうので、音が流れません……）。【6-5　的をつくって音を出そう】でつくった音を鳴らす仕組みと合わせて、いまこんな感じになったわけです（図6.63）。

▲**図6.63**：的に何か当たったら音が出て、さらに0.4秒待って的を壊す流れ

これで準備はできたので、プロジェクトの「あなたの素材/プレハブデータ」を開き、的アイテムをドラッグ＆ドロップ（図6.64）。「**的アイテム**」をプレハブにしましょう。プレハブにした後は、「**的アイテム**」をシーンから消して構いません。選んで[**Delete**]を押すか、メニュー：「**編集**」－「**削除**」でしたね。

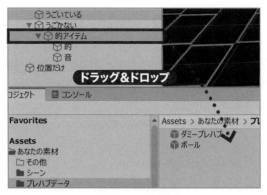

▲**図6.64**：的アイテムをドラッグ＆ドロップでプレハブに

アイテムがつくられる場所の設定

さて、ボールをつくるマシンのときは取りやすい位置にボールが出てくればよかったのですが、**的のほうは同じ位置に出てきても全然面白くない**ですね。そこで、「動くオブジェクト」をつくります。メニュー：「**ゲームオブジェクト**」－「**3Dオブジェクト**」から「**キューブ**」でハコをつくってください。

そのハコに、位置と名前を入力していきましょう（図6.65）。

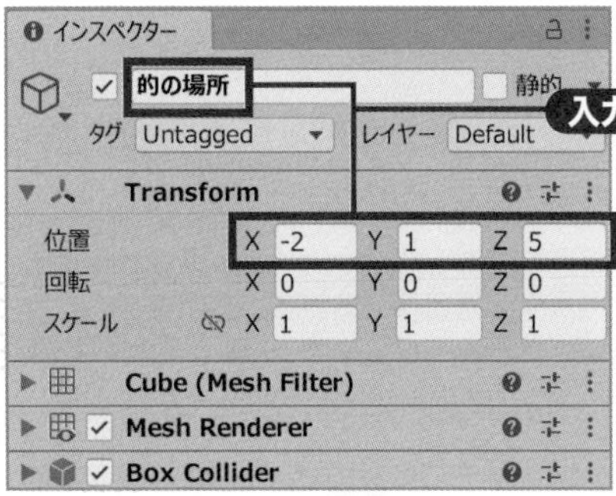

名前	的の場所
位置	X-2 Y1 Z5
配置場所	位置だけ

▲ 的の場所の設定

▲**図6.65**：ハコのオブジェクトをつくり、位置を設定

では、「**アニメーション/うごく**」というフォルダを開いてください。「**con_四角と奥にうごく**」というやつをドラッグ＆ドロップで「**的の場所**」の上に持っていきましょう（図6.66）。

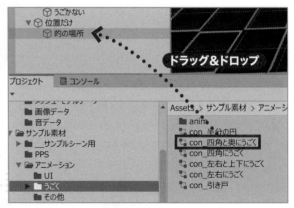

▲**図6.66**：アニメーションさせるためにドラッグ＆ドロップ

何も起きていないように見えますが、「**的の場所**」をクリックすると**Animator**というコンポーネントが付いたのがわかります。（コントローラーにはいまドラッグ＆ドロップした「**con_四角と奥に動く**」が選ばれていますね）。ここで「**ルートモーションを適用**」をONにしてください（図6.67）。そして再生ボタンをクリックしてみましょう。ハコが動いていますね。

▲**図6.67**：ルートモーションを適用を「ON」に

MEMO

モノを動かすアニメーションには「**ルートモーションを適用**」をONにしておいたほうがいいです。そうしないとヘンな位置になることが……。

しかしこのハコ、実際にプレイするときにハコの形は必要ありません。あくまで的が出てくる場所の指定用ですからね。というわけで、**Mesh Renderer**と**Box Collider**の左にあるチェックをOFFにしてしまいましょう（図6.68）。これで「**的の場所**」の設定は完了です。

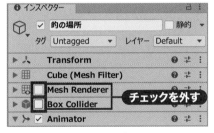

▲**図6.68**：ハコの見た目を消す

MEMO

「空（から）のオブジェクト」ではなくハコにしたのは、最初にアニメーションしているのを見た目で確認しやすくするためです。

的がつくられるようにする

最後に、的をつくってくれる仕組みを完成させます。まず「空のオブジェクト」をつくり、「的を作るやつ」とします（図6.69）。位置などは初期状態で構いません。

名前	的を作るやつ
配置場所	アイテム／うごかない

▲ 的を作るやつの設定

▲**図6.69**：空のオブジェクトをつくる

ここにコンポーネントを付けていきます（図6.70❶❷）。ちょっと多いですが、ガンバって。

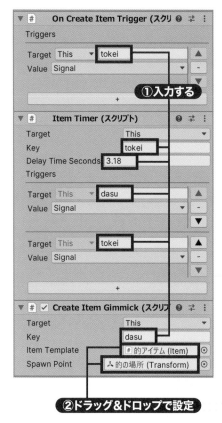

①入力する

②ドラッグ＆ドロップで設定

▲図6.70：「コンポーネントを追加」から3つ追加

コンポーネント	On Create Item Trigger
Target	This(tokei)
Value	Signal

▲ 最初は「＋」ボタンをクリックする

コンポーネント	Item Timer
Target	This
Key	tokei
Delay Time Seconds	3.18
———	
Target	This(dasu)
Value	Signal
———	
Target	This(tokei)
Value	Signal

▲ 最初は＋ボタンを2回クリックする

コンポーネント	Create Item Gimmick
key	dasu
Item Template	的アイテム
Spawn Point	的の場所

▲ Create Item Gimmickの設定

（図6.70）の❷のとき、Item Templateの「的アイテム」はプロジェクトから、Spawn Pointの「的の場所」はヒエラルキーからドラッグ＆ドロップすればOKです。再生ボタンをクリックすると……的が勝手にどんどんつくられるようになったはずです（図6.71）。

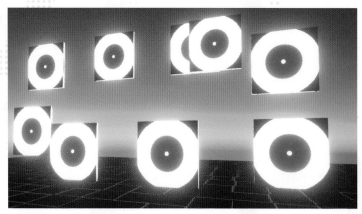

▲図6.71：たくさん的ができた

MEMO

あとで解説しますが、**Item Timer**が「**tokei**」というメッセージで呼び出された後、さらに「**tokei**」というメッセージを送っているところに注目です。これによって**タイマーがループして、ずーっとつづく**ようになります。

　これならボールを当てるのも、ちょっと難しくなりますね。ただ、放っておくと的が増えすぎてしまいます……。ですから、**的も自動で消えるように**しましょう。

的が自動で消えるようにする

　プロジェクトから、この節の最初でつくった「**的アイテム**」のプレハブを選びましょう（図6.72）。インスペクターから「**コンポーネントを追加**」していきます（図6.73）。

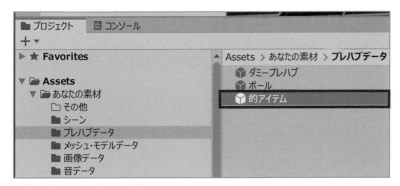

▲**図6.72**：プレハブデータを選ぶ

MEMO

プロジェクトに保存した「**プレハブ**」は、プロジェクト内でクリックしてインスペクターを表示すれば中身を変えられるんです。
なおサンプルシーンの「シーン6-07」では、ユーザーの皆様が「的アイテム」を保存したときファイル名が重複しないよう、「＿的アイテム」という名前で保存したプレハブを使うようにしています。今後の節で出てくるサンプルシーンでも、このようにあえてファイル名を変更しているシーンはいくつかあります。

「アイテム」作成の基本

06

コンポーネント	On Create Item Trigger
Target	This(tokei)
Value	Signal

▲ 最初は「+」ボタンをクリックする

コンポーネント	Item Timer
Target	This
Key	tokei
Delay Time Seconds	15
———	
Target	This(kieru)
Value	Signal

▲ 最初は「+」ボタンをクリックする

▲図6.73：Item Timerは2つ付くことになる

以前の「的を作るやつ」に入れたコンポーネントと、かなり似ていますね。これで再生ボタンをクリックすると、**的は自動で消えていく**ようになりました（図6.74）。なお、この「的アイテム」をシーンから消さずに残した例が「シーン6-07参考」としてサンプルプロジェクトに入っています。

▲図6.74：最大でも5つまでしか出てこない

どういう仕組み？

かなりフクザツになりましたが、今回使った仕組み（**Item Timer**による永久ループ）はとてもよく使います（図6.75）。しっかりおぼえておきましょう。

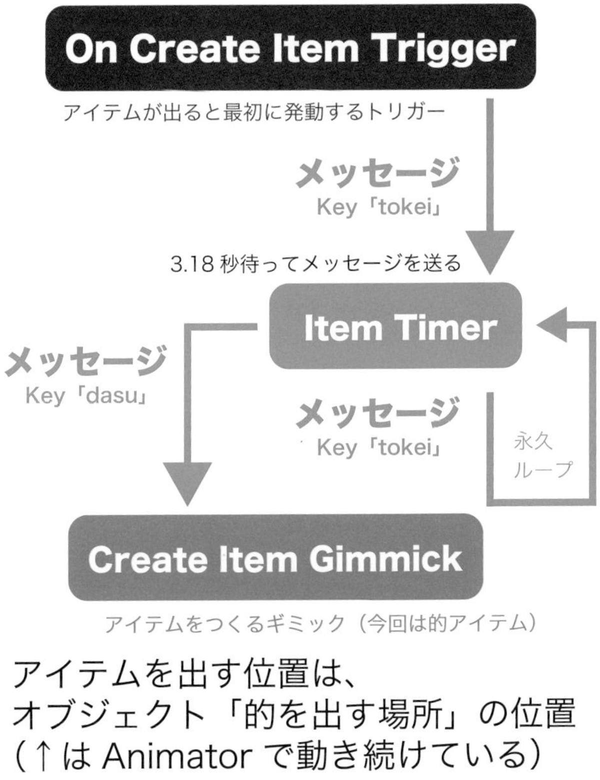

On Create Item Trigger

アイテムが出ると最初に発動するトリガー

メッセージ
Key「tokei」

3.18秒待ってメッセージを送る

Item Timer

メッセージ
Key「dasu」

メッセージ
Key「tokei」

永久ループ

Create Item Gimmick

アイテムをつくるギミック（今回は的アイテム）

アイテムを出す位置は、
オブジェクト「的を出す場所」の位置
（↑はAnimatorで動き続けている）

▲**図6.75**：的をずっと出し続ける仕組み

06 「アイテム」作成の基本

6-8 すわれるイスをつくろう

さて、トリガーやギミックが色々出てきてちょっと疲れてきたでしょうか？　ここらで、**割とカンタンにできる「すわれるイス」**をつくってみましょう。

イスをつくるのはとてもカンタン

メニュー：「**ゲームオブジェクト**」－「**3Dオブジェクト**」－「**キューブ**」でハコをつくります。いつもの通り、色々と設定していきましょう（図6.76❶❷）。

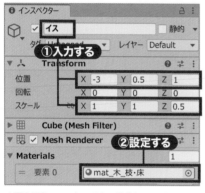

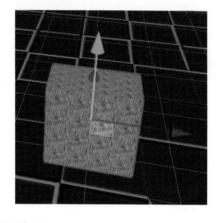

▲図6.76：ハコをつくり、設定していく

名前	イス
位置	X-3 Y0.5 Z1
スケール	X1 Y1 Z0.5
マテリアル	mat_木_枝・床
配置場所	アイテム/乗りもの

▲ イスの設定

「イス」に「**コンポーネントを追加**」で、「**Ridable Item**」を選びます（図6.77）。実はこれだけでイスです。再生ボタンをクリックすれば、すわった感じになります。

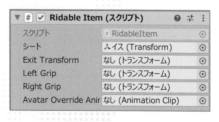

▲図6.77：フクザツそうなコンポーネントだが、とりあえず付けるだけでOK

[X] キーを長押しするとイスから降ります。clusterでは説明が出ますが、Unity上では説明が出ないので忘れないようにしましょう。

clusterにアップロードしてみるとどうでしょうか？　すわれますが、すわる場所がちょっと……（図6.78）。そこで、すわる場所を調整します。

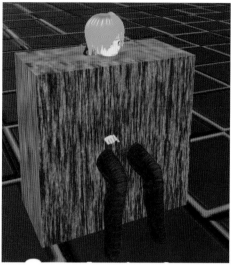

▲**図6.78**：埋まってしまった……

すわる場所の調整

「**イス**」を選び、右クリックして「**空のオブジェクトを作成**」をクリックします。この空のオブジェクトに設定をしていきましょう（図6.79❶）。そして「**イス**」を選び、Ridable Itemの「**シート**」にヒエラルキーから「**すわる**」をドラッグ＆ドロップ❷。

▲**図6.79**：「すわる」という名前の空のオブジェクトをつくり、Ridable Itemの「シート」にドラッグ＆ドロップする

名前	すわる
位置	X0 Y0.6 Z0.4
配置場所	アイテム / 乗りもの / イス

▲ すわるの設定

もっと後ろにすわっているほうが好みで
あれば、「**すわる**」の「**位置**」Zの数値を減
らしましょう。

▲**図6.80**：きちんとすわれている

これですわる位置も調整でき、イスが完成しました（図6.80）。

乗りものは大変だけど、イスはカンタン

clusterにはクルマやヘリコプターや馬などの「乗りもの」機能もあります。これは**Ridable Item**
に追加で色々付けなければならず、ちょっと難しめです……。しかし**イスは本当にカンタン**。木の枝に
すわれるようにしたり、屋根やガケの端にすわれるようにしたり、応用もしやすいです（図6.81）。

▲**図6.81**：木の枝にすわる例

ちなみに（図6.81）のような場所にすわらせたいときは、ハコを置いてイスにする→**Mesh
Renderer**をOFFにしてハコを見えなくする、が一番やりやすいです。**Mesh Filter**を削除すれば、
ワクを見えなくすることもできますよ。

6-9 ワープするボタンをつくろう

ワープするボタンもそんなに難しくありません。**広いワールドなどでは特に便利**です。

ワープ先の空のオブジェクトをつくる

まず、メニュー：「**ゲームオブジェクト**」－「**空のオブジェクト**」をクリックします。ここがワープ先になります。名前と位置だけ設定しましょう（図6.82）。

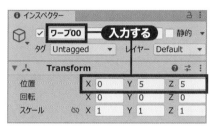

▲**図6.82**：空のオブジェクトで名前と位置だけ指定

名前	ワープ00
位置	X0 Y5 Z5
配置場所	位置だけ

▲ ワープ00の設定

ボタンを複製（コピー）する

ボタンですが、【6-2　ボタンからパーティクルを出してみよう】でつくった「**パーティクルボタン**」を複製（コピー）するのが早いでしょう。選んでメニュー：「**編集**」－「**複製**」か、[**Ctrl**] ＋ [**D**] でしたね（図6.83）。

では、この「**パーティクルボタン (1)**」を改変していきましょう（図6.84❶❷）。

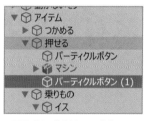

▲**図6.83**：複製すると (1) という番号が付く

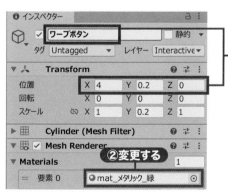

▲**図6.84**：名前・位置・マテリアルを変える

名前	ワープボタン
位置	X4 Y0.2 Z0
マテリアル	mat_メタリック_緑

▲ ワープボタンの設定

「アイテム」作成の基本

ボタンが2つ並んで、色も変わりましたね。また、今回のボタンはパーティクルを出す必要はないですね。なので**Create Item Gimmick**の右上、点3つのボタンをクリックして、「**コンポーネントを削除**」を押しましょう（図6.85❶❷）。

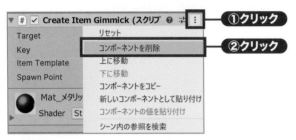

▲**図6.85**：いらないコンポーネントの削除もよく行うので、おぼえておく

押す部分を変更する

次は**Interact Item Trigger**の設定を変えます（図6.86）。

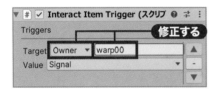

コンポーネント	Interact Item Trigger
Target	Owner
	warp00

▲ Interact Item Triggerの設定

▲**図6.86**：Ownerは、このボタンを押した人だと思ってOK

 MEMO　**Owner**というのがはじめて出てきました。とても難しいモノですが、とりあえずは「ボタンを押した人」と思っておけばいいです。

さらに**Warp Player Gimmick**というコンポーネントを追加して、設定しましょう（図6.87❶）。**Target Transform**には、（図6.82）でつくった「**ワープ00**」を指定します❷。

▲**図6.87**：
Warp Player Gimmickを追加し、設定していく

コンポーネント	Warp Player Gimmick
Key	warp00
Target Transform	ワープ00

▲ これでOK

再生ボタンをクリックして、いまつくったワープボタンをクリックしてみましょう。空中にいきなりワープしましたね。

仕組みは?

これまでは「アイテムのトリガー」→「アイテムのギミック」という感じでメッセージを送っていました。しかし、**プレイヤーをワープさせるにはプレイヤーにメッセージを送らないといけません。**

このときに使えるのが、「**Owner**」にメッセージを送ることです。Ownerはややこしい考え方なのですが、とりあえず

- アイテムを持った人
- イスや乗りものにすわった人
- Interact Item Triggerの付いたものを押した人

これは全部**Owner**です。

なので、**Interact Item Trigger**から**Owner**にメッセージを送ると、**ワープボタン**を押した人にメッセージがいくんですね（図6.88）。このメッセージを**Warp Player Gimmick**が受けとって、「**ワープ00**」の位置にワープさせているわけです。

Interact Item Trigger

アイテムを押したら発動するトリガー

メッセージ
Key「warp00」

送り先は Owner
＝ボタン押した人

プレイヤーを
ワープさせるギミック

Warp Player Gimmick

▲図6.88：ボタンを押し、押した人をワープさせる流れ

 MEMO 「**ワープ00**」としたのは、ワープしたい位置が「ワープ01」「ワープ02」……と増えるかもしれないからです。ただの0より、00・01・02……としていったほうが見やすいです。

大規模イベントのときは……

【2-12 イベントに行ってみよう】でも書きましたが、イベントでは100人を超えると101人目から「ゴースト」になってしまいます。**ゴーストは「トリガー」「ギミック」のあるものを使うことができないので、ボタンを押せません……**。そのため人がたくさん来るイベントをやることになったら、**イベント用のワールドにはゴーストが押せない「入り口から会場にワープするボタン」とかは使わないほうがいい**です。

 MEMO **Player Enter Warp Portal**というコンポーネントをコライダーといっしょに付けておくと、ぶつかった瞬間にプレイヤーをワープさせることができます。大規模イベント会場とかではこちらのほうがいいですね。

6-10 アイテム作成の注意点

色々なアイテムをつくれるようになってきましたが、ここで**ちょっと注意しておきたいところ**を説明します。

アイテムの子にアイテムはつくれない

CCKの重要ポイント、それは「**アイテムの子にアイテムはつくれない**」ということです。例えば「**イスの子にボタン**」というのをつくりたくなったとします。イスはアイテム、ボタンもアイテム。なのでこれはダメです。アップロードすると、(図6.89) のようなエラーが出てしまいます。

▲**図6.89**：アップロードできない……

「でも、どうしてもアイテムについてくるアイテムをつくりたい」という場合は、Constraintというものを使います。**ややハイレベルな内容になりますが、慣れてきたら挑戦してみてください。**

On Collide Item Trigger はRigidbodyとセットで

「コライダーを付けたのに**On Collide Item Trigger**が反応しないぞ?」というのは結構多いです。この場合は**Rigidbody**を付けましょう。実は条件次第で「片方にだけ付けておけばOK」という場合もあるのですが、基本的に「ボール」と「的」など**両方に付けておいたほうが安心**です。

ただし、**Rigidbody**を付けると重力でアイテムが下に落ちてしまいます。こうしたくない場合は、【6-5 的をつくって音を出そう】に出てきたように「**重力を使用**」をOFFに、「**Is Kinematic**」をONにしましょう (図6.90)。

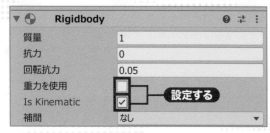

▲**図6.90**：こうすれば下に落ちなくなる

6-11 第6章の中身全部入りのサンプル

「**シーン6-11**」は、6章の中身全部入り。**アスレチックっぽい感じ**にしました（図6.91）。軌跡を出したりパーティクルを出したりワープしたり……の要素も入れています。また、後ろを振り向くと【6-7　あちこちから的が出てくるようにしよう】まででつくったボール当て部分のアレンジが置いてあります。

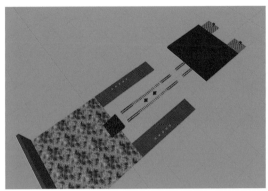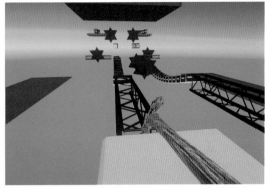

▲**図6.91**：タイルをつくりながら進むアスレチック

あちこちに散らばったステッキを元に戻すボタンなど、**少し6章の内容を超えているところもありますが、ほぼ6章までの知識で作成可能**なシーンです。ここまででおぼえたアイテム関係の知識を使って、色々なワールドをつくっていきましょう。

▲**図6.92**：clusterでは多くのイベンターやシンガー、演奏家の方が活躍しています。
ワールドづくりをレベルアップさせれば、いつかは人気イベントを主催したり
シンガーの方を招くような大型イベントを主催したりできるかもしれませんよ

CHAPTER 07 よりよいワールドと
アイデア

よりよいワールドとアイデア

clusterでつくれるワールドの可能性をもっと広げるためのテクニックを紹介します。初心者のうちは少しムズかしいかもしれませんが、**本章の知識を使いこなせるようになれば有名ワールド作者になるのも夢じゃない!?**

7-1 ライトを「ベイク」してみよう

これまでも何度か話は出てきましたが、**雰囲気のあるワールドをつくるとき避けて通れないのが「ベイク」**です。

hkさん

▲**図7.1**：hkさん作成の旅館ワールド。clusterにはこんなワールドがたくさんある

clusterでは**リアルタイムの影が出せない**こともあり、（図7.1）のようなワールドをつくるにはベイクがどうしても必要です。ただ、ベイクは**かなりの負荷と時間のかかる処理**。ワールド作成にギリギリのPCを使っていると、ベイクの処理が終わらないこともあると思います。最悪の場合PCがフリーズして（止まって）、再起動しないといけなくなるかもしれませんから注意しましょう。

なお、この節のサンプルシーンは、紙面の作業を行っただけの「シーン7-01」に加え、さらにライトやモノを加えた「シーン7-01発展」も入っています。

「静的」の設定

　ベイクするときに絶対に必要なのが、ベイクするオブジェクトに「**静的**」の設定をすることです。「**このアイテムは絶対動かないから、影の計算を事前にしておいて大丈夫だよ**」ということですね。

　まず、これまでより暗いシーンのほうが雰囲気が出るので「**シーンB練習用**」を開きます。そして「**プレハブ／光関係**」から「**pre_ハコセット_ベイクテスト用**」を置きましょう（図7.2）。

名前	pre_ハコセット_ベイクテスト用
位置	X0 Y0 Z0
配置場所	動かないモノ／その他

▲ ハコセットの設定

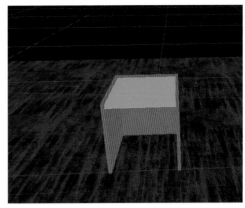

▲**図7.2**：置いただけでは全然影の感じが出ない

　そして、インスペクターの右上あたりにある「静的」のチェックボックスをONにします（図7.3❶）。このとき図にあるような質問が出てきたら、「はい、子を変更します」を押しましょう❷。さらに、「**動かないモノ／床関係／床00**」も「静的」をONにしてしまいます。

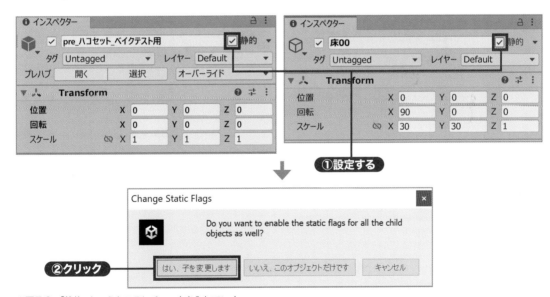

▲**図7.3**：「静的」というところにチェックを入れていく

 MEMO　ボタンやイスなど「**押したり乗ったり持ったりできるアイテム**」を「**静的**」にしてしまうと、**ものすごく重く**なります。気を付けましょう。

ライト設定の調整

次にベイク用のライトを置く必要があります（図7.4）。

「**ライト❶**」を右クリックし、「**ライト**」−「**ポイントライト❷**」を選びます。

ではライトの設定を変えていきましょう（図7.5❶）。ポイントライトはベイク専用のライトにするので、「**モード**」を「**ベイク**」に。さらに影が表示されるよう、「**シャドウタイプ**」の設定も行います。また、このままだと明るすぎるのでもともとあった「**メインライト**」の設定も色々変えていきましょう❷。

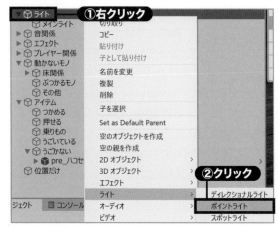

▲**図7.4**：「ポイントライト」を追加

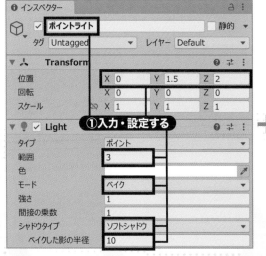

▲**図7.5**：ライトの設定をしていく

名前	ポイントライト
コンポーネント	Light
範囲	3
モード	ベイク
シャドウタイプ	ソフトシャドウ
ベイクした影の半径	10

▲ ポイントライトの設定

名前	メインライト
コンポーネント	Light
モード	混合
強さ	0.5
シャドウタイプ	ソフトシャドウ

▲ メインライトの設定

ライティングの設定

つづけて「ウィンドウ」-「レンダリング」-「ライティング」からウィンドウを開きます（図7.6❶❷）。「**新しいライティング設定**」もクリックしておきましょう❸。

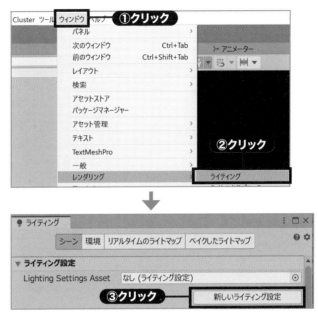

▲図7.6：ライティングの設定をはじめていく。全体の明るさやベイクの設定をする

最初は少し軽めの設定にしておいたほうがいいので、「**ライトマップ解像度**」は「**5**」くらいに落とします（図7.7）。また、「**ライトマッパー**」は「**プログレッシブGPU（プレビュー）**」がいいでしょう。

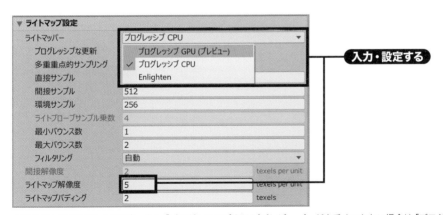

▲図7.7：ベイクのための設定。もし「プログレッシブGPU（プレビュー）」が上手くいかない場合は「プログレッシブCPU」に

 MEMO PCにグラフィックボードがない、あっても性能がよくない場合は、「**プログレッシブCPU**」のほうが安定してよいかもしれません。

Unityではライトを置かなく
てもある程度全体の明暗を調整
できるように「環境光」を設定
することができます。**全体を暗
めにするため、そこも調整して
いきましょう。**まず「**ライティン
グ**」ウィンドウで「**環境**」タブを
選びます（図7.8❶）。あとは
「**環境光の色**」を暗めの灰色にし
ていってください❷❸。

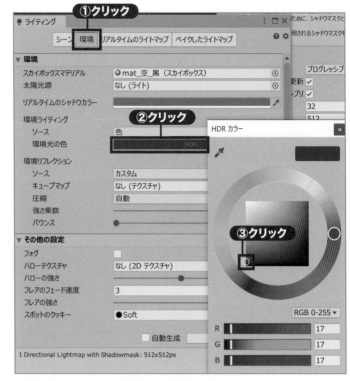

▲**図7.8**：ワールド全体の光の設定。黒に近くする

あとはウィンドウの右下にあ
る「**ライティングの生成**」ボタ
ンをクリックすればOKです
（図7.9）。高性能なグラフィッ
クボードを積んでいない限り**か
なり時間がかかるはず**なので、
PCをそのままにして何か別の
ことをしているとよいでしょう。
　上手くいけば、（図7.10）のよ
うにこれまでのワールドとは全
然違う雰囲気になっているはず
です。見てわかる通り、**渋くて
リアルな雰囲気**を出したいワー
ルドでは「ベイク」が絶対必要
ですね。

▲**図7.9**：ベイクをはじめるボタン

▲**図7.10**：かなり暗くて渋い感じに

上手くいかないときは、「**静的**」のチェックボックスをONにするのを忘れていないか、「**ポイントラ**
イト」の「**モード**」を「**ベイク**」に変えるのを忘れていないか、「**シャドウタイプ**」を変えるのを忘れてい
ないかなどをチェックしてください。この節の内容を発展させたサンプルシーン「**シーン7-01発展**」
では、そこにもうちょっとモノを増やしてさらに雰囲気を変えています。参考にしてみてください（図
7.11）。

ただモノを増やせば増やすほど時間がかかるようになるのもベイクのムズかしいところです……こ
れればっかりはPCの性能を上げるしかありませんね。

▲**図7.11**：サンプルシーン「シーン7-01発展」より

MEMO

メニュー：「ライト」－
「リフレクションプルーブ」
を選んで置くと、特に**金**
属っぽいマテリアルの
モノが置いてあるとき、
周りのモノの色が映り込
んでリアルになります。
「**シーン7-01発展**」に
も置いてあります。

さらに、よいグラフィックボードを積んでいるPCの場合は、**Bakery**という有料アセットを使うと
非常にベイクの速度が速くなります（図7.12）。セールのときを狙って買ってもいいかもしれません
（ただし少しベイクの手順が変わりますが……）。

▲**図7.12**：人気アセット「Bakery」

　この節は外部のソフトやアセットを入れる必要があり、サンプルプロジェクトにサンプルシーンが入っていません。文章を見ながら再現してみてください……。

　VRoid Studioなどでお気に入りのアバターをつくったら、それでclusterを遊ぶだけでなくワールドに展示してみたいこともありますよね。VR機器で見てみると、さらに実在感がありますよ。

MEMO　残念ながら、clusterのアバターメイカーでつくったアバターをワールド内に置くことはできません。置けるのはVRoid Studioなどで出力できるVRMという形式でつくられたアバターデータのみです。

UniVRMを入れる

　まず、UnityにアバターのVRMファイルを入れる前に、**UniVRM**を入れないといけません。UniVRMのバージョンについては次ページのMEMOも確認してください。

　こちらのURL（https://github.com/vrm-c/UniVRM/releases/tag/v0.61.1）から、「**UniVRM-0.61.1_7c03.unitypackage**」をダウンロードします（図7.13❶）。

　ダウンロードが済んだら、このファイルをUnityの「**プロジェクト**」にドラッグ＆ドロップしましょう❷。その後に出てくる画面では、「**インポート**」を押します❸。

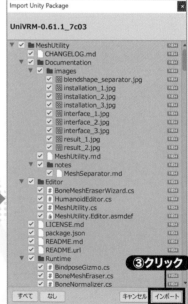

▲**図7.13**：UniVRMをダウンロードし、プロジェクトにドラッグ＆ドロップ

（図7.14）のような表示が出てきたら、左側のボタンをクリックしましょう。ここまで上手くいっていれば、メニューに「**Mesh Utility**」と「**VRM**」という項目が増えているはずです（図7.15）。

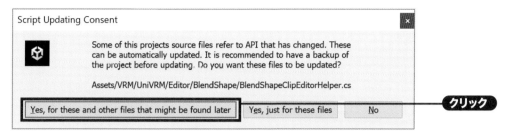

▲**図7.14**：あなたのUnityのバージョンにあわせて更新してもいいですか？ というメッセージ

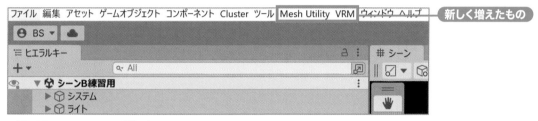

▲**図7.15**：メニューに項目が増えた

 UniVRMのバージョンはVRMの指定するもの、または最新版を使用してください。今回はv0.61.1を例に解説しています。
また、VRMアバターの髪などを揺らすのに使われるVrmSpringBone等のコンポーネントはワールド上で動作しない可能性があります。詳しくはcluster公式のCluster Creator Kitドキュメント「使用できるアセット」（https://docs.cluster.mu/creatorkit/world/asset/）をご覧ください。

VRMのアバターを置く

　では、VRoid StudioなどでつくったVRMデータを「**シーンB練習用**」に読み込ませてみましょう。UniVRMを入れたときと同じように、「**プロジェクト**」のどこかのフォルダにVRMファイルをドラッグ＆ドロップするだけです（図7.16）。

　もしまだアバターデータ（VRMデータ）をつくっていなければ、カンタンなものでよいのでつくってみてください。

▲**図7.16**：1つのVRMからたくさんのファイルがつくられる

あとは、VRMデータを「**シーン**」にドラッグ＆ドロップするだけです（図7.17）。青いアイコンのほうを選んでください。キャラは出てきましたが、このままではポーズとしてちょっと変ですね……（ちなみにこのポーズをTポーズといいます）。

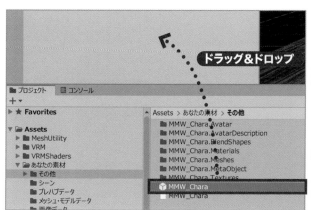

▲**図7.17**：キャラクターをシーンに置いてみる

ポーズをとらせる

Tポーズではイマイチなので、「**アニメーション/アバター**」から「**con_アバター_たつ**」をヒエラルキーのアバターデータの上にドラッグ＆ドロップしてください（図7.18）。少しまともな感じになりましたね。これだけでもいちおうアバター展示ワールドとしては成り立ちます。

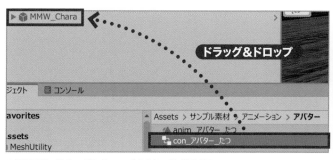

▲**図7.18**：ドラッグ＆ドロップすると、腕が下がる

ただ、棒立ちだけではさびしいので、ここは無料アセットの「**Taichi Character Pack**」を導入してみましょう。

Taichi Character Packの活用

　Taichi Character Packは、**Game Asset Studio**の無料アセットです（図7.19）。キャラクターのアセットなのですが、こちらに入っているアニメーションは非常にすばらしいです。アバター展示に使えば、グッと雰囲気がよくなるでしょう。

https://assetstore.unity.com/packages/3d/characters/taichi-character-pack-15667

▲**図7.19**：無料アセットだが、キャラクターに加えて非常に多くのアニメーションが入っている

　まず【5-11　アセットストアで入手したアセットを使おう】の内容を参考に、**Taichi Character Pack**を読み込んでください（図7.20）。かなりデータが大きいので、少し時間がかかります。

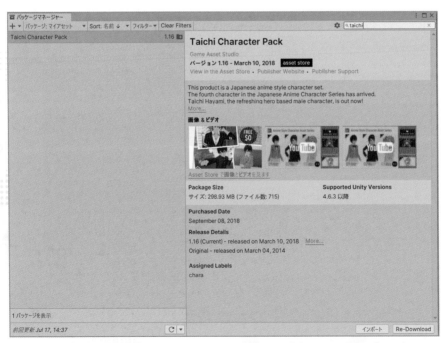

▲**図7.20**：アセットストアで入手後、「パッケージマネージャー」から「ダウンロード」して「インポート」

まず、さっきも使った「**アニメーション/アバター**」フォルダの「**con_アバター_たつ**」を複製してしまいましょう（図7.21❶）。名前は「**con_アバター_うごく**」とし、シーンに置いたキャラの上にドラッグ&ドロップします❷。

つづけて、メニュー：「**ウィンドウ**」－「**アニメーション**」－「**アニメーター**」を開きます（図7.22❶❷）。いまは「**anim_アバター_たつ**」が再生されるようになっていますが、これを変えていきます。

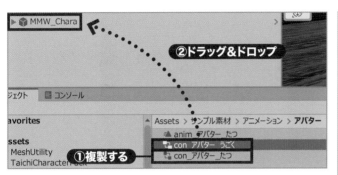

▲**図7.21**：複製は右クリックから

▲**図7.22**：「アニメーター」ウィンドウを表示

まず、VRMのアバターを選びます（図7.23❶）。そしてプロジェクトから「**TaichiCharacter Pack/Resources/Taichi/Animations Mecanim**」というフォルダを開いてください❷。「**m01@embar_00**」というファイルの左の三角形マークをクリック❸、最後に「**embar_00**」というファイルを「アニメーター」のところにドラッグ&ドロップします❹。

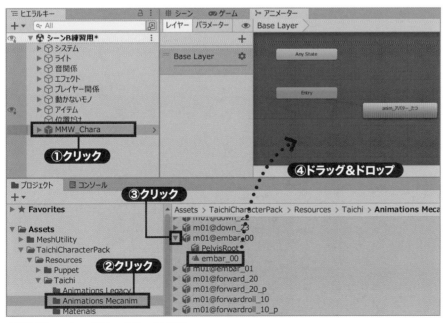

▲**図7.23**：embar_00というアニメを追加

これで、まず新しいアニメーションが加わりました。あとは「anim_アバター_たつ」をクリックしてキーボードの [Delete] を押せば、「embar_00」だけ残ります（図7.24❶❷）。こうしてから再生ボタンをクリックすると、アバターが手を口元に持っていくようなアニメーションをします（図7.25）。

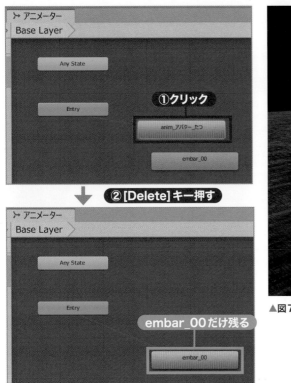

▲図7.24：もともとのポーズを消すと、embar_00だけが残る

▲図7.25：キャラがアニメーションするようになった

さらなる発展

これだけでもアバターの展示には十分ですが、複数のアニメーションが段々切り変わっていくような形も可能です。「embar_00」以外の新しいアニメーションをドラッグ＆ドロップで追加します（図7.26❶）。「embar_00」を右クリック、**遷移を作成**をクリックして❷❸、新しいアニメーションをクリックすれば矢印が引かれます❹。

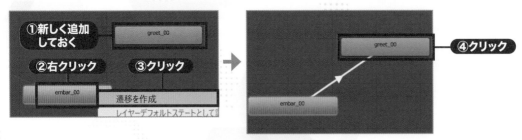

▲図7.26：「遷移を作成」すると、新しいアニメーションに移らせることができる

いくつかのアニメーションをどんどんつなぎ、最後は元のアニメーションに戻すようにすれば色々なアニメーションを展示している感じになりますよ（図7.27）。

▲**図7.27**：「greet_00」を追加すると最初のポーズの後、あいさつをする

> **MEMO**
>
> さらに**Set Animator Value Gimmick**を組み合わせると、ワールド内で何か起きたときにアニメーションで反応させるようなことも可能です（ただし、ちょっと上級者向け）。
> また、Unityの「**タイムライン**」という機能を使うとアニメーションの切り替わりや音の再生を管理することもできるので、**ボイスを合成するソフトなどと組み合わせて劇**みたいなこともできます。これもちょっと上級者向けではありますが……。

また、**Game Asset Studio**による他の有料アセットも販売されています（図7.28）。もっと色々なアニメーションが欲しくなったら、ぜひ検討してみてください。

▲**図7.28**：Game Asset Studioさんの他のアセット

7-3 Terrainで地形をつくろう

　部屋・建物などのワールドをつくるときはこれまでのようにパーツを並べていくのでもOKですが、もっと**自然な感じの地形をつくりたいときはTerrain**が便利です（図7.29）。

▲**図7.29**：こんな地形をつくれる（ちなみに遠くに見える建物はただのハコ）

 MEMO　ちなみに自然ではなく、建物でフクザツな構造をつくりたいときは、Unity公式の**ProBuilder**というツールが便利です。検索してみましょう。

Terrainを置いてみる

まずはとにかくTerrainを置いてみましょう。「**シーンB練習用**」を開いて、メニュー：「**ゲームオブジェクト**」－「**3Dオブジェクト**」－「**Terrain (地形)**」を選びます（図7.30❶❷）。名前は「地形」にして、位置を「X-150 Y0 Z-150」にしましょう❸。

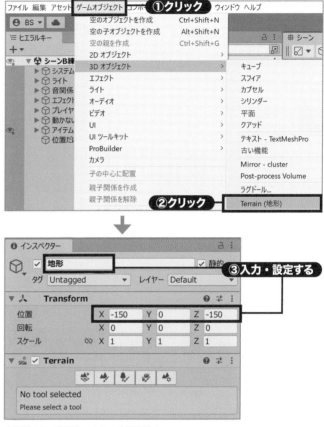

▲図7.30：地形をつくり、位置を設定

今回は床はいらないので、「**動かないモノ/床関係/床00**」を選び、[Delete]で消してしまいます（図7.31❶❷）。

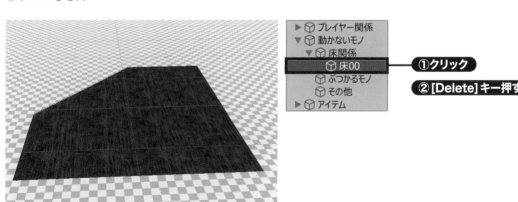

▲図7.31：床とTerrainが重なってヘンな状態に

設定の調整

では「**地形**」をあらためて選びます。**Terrain**の5つ並んでいるボタンの一番右のものをクリックしてください（図7.32❶）。その上で、いくつか数字を変えていきます❷。サイズの調整と、軽くするための調整ですね。

MEMO

この設定だとかなり**地形の見た目は角ばってしまいますし**、近づく途中で地形の見た目が微妙に変わるようなことも起きやすいです。ただ**cluster**は**スマホ**で入る人も多いので、これくらいの設定が無難ではないかと思います……。

では、見た目のほうに入っていきます。Terrainの左から2番目のボタンをクリックしましょう（図7.33❶）。すぐ下にあるリストをクリックして、「**Paint Texture**」を選びます❷❸。さらに「**Terrain（地形）レイヤーを編集**」ボタンをクリックして❹、「**レイヤーを作成**」を選んでください❺。

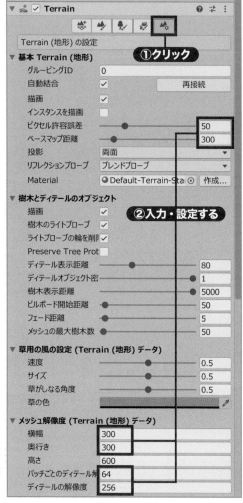

▲**図7.32**：まず地形を「軽い」設定に

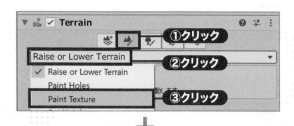

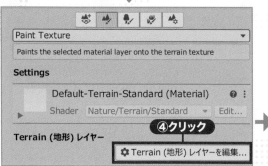

▲**図7.33**：テクスチャの設定を行う

あとは好きなテクスチャを選びます。ここでは「**tex_床_草の地面B**」を選びました。ただ、ちょっと模様が細かすぎますね……（図7.34）。

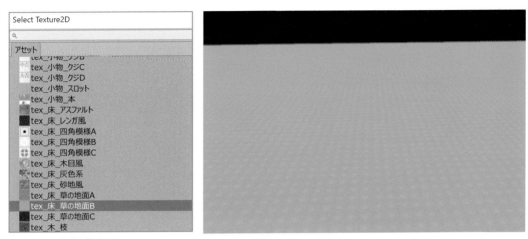

▲**図7.34**：全体が緑色になった

こういうときはテクスチャをクリックし（図7.35❶）、「**タイリングの設定**」の「**サイズ**」を大きめにします❷。これで草の「**レイヤー**」ができました。

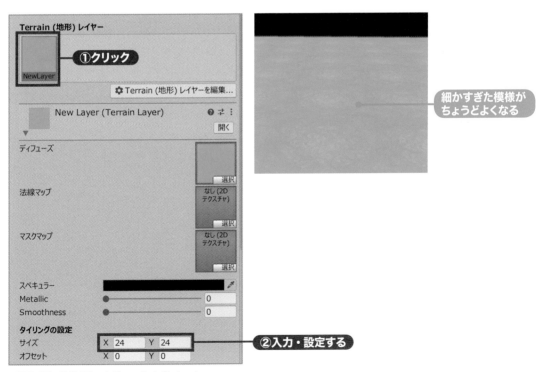

▲**図7.35**：模様がちょうどいいサイズになった

同じような作業をくり返して、今度は砂地っぽい「**レイヤー**」をつくります（図7.36**❶❷❸**）。2つ以上の「**レイヤー**」を使って、地形を「**塗って**」いくことができるのがTerrainの特徴です。

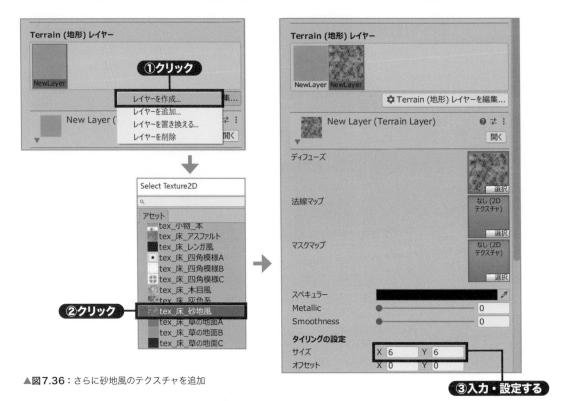

▲**図7.36**：さらに砂地風のテクスチャを追加

地面を塗っていく

それでは、実際に「**レイヤー**」を使って塗っていきましょう。

現在は全部が草のレイヤーなので、砂地のレイヤーを使って**道みたいなものを描いてみます**。最初は砂地のレイヤーをクリックします（図7.37❶）。そしてブラシの形とサイズを選び❷、Terrainを直接塗っていってください❸。塗りにくい場合は画面の拡大・縮小・回転などを上手く使いましょう。

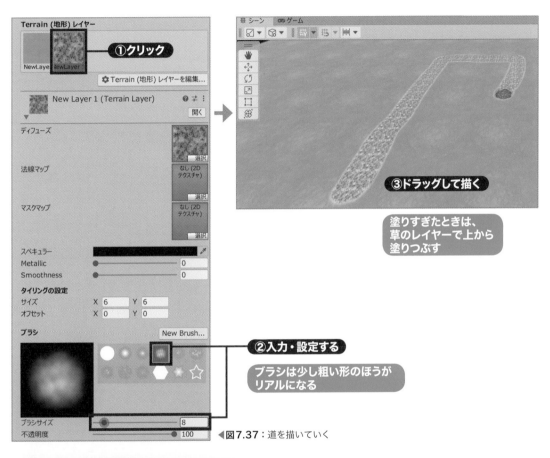

◀図7.37：道を描いていく

▲図7.38：再生ボタンをクリックするとこんな感じ

MEMO

もちろん、レイヤーを3つ以上にすることもできます。あまり多くすると処理もデータも重くなってしまいますが……。

デコボコをつくる

やはり**Terrain**の一番の魅力はデコボコをつくれるところ。その上を**アバターで歩いても、ちゃんとデコボコの通りに動いてくれます**。まず、現在「Paint Texture」を選んでいるリストから「**Raise or Lower Terrain**」を選びます（図7.39❶❷）。そしてブラシの形を、さっきよりもっとデコボコ感が強いものにしてみましょう。「**ブラシサイズ**」はやや大きめにして、**いきなり地形が激しく変わらないように「不透明度」は小さめ**にしたほうがよいと思います❸。

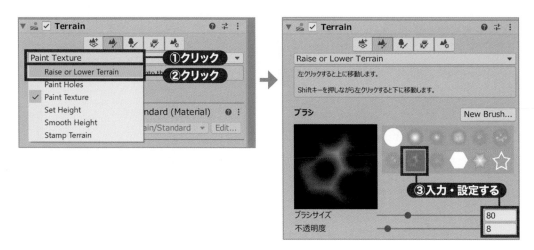

▲**図7.39**：デコボコをつくるときは、さらに荒っぽい形のブラシがよい

あとは地面を塗ったときと同じように、直接**Terrain**の上を塗っていけば地面が盛り上がってきます（図7.40）。

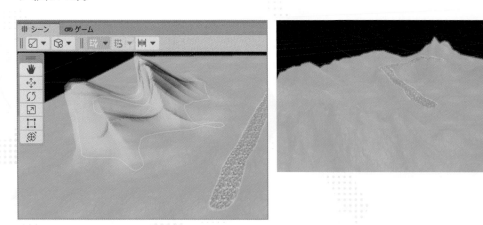

▲**図7.40**：山のようになってきた

微調整をする

平らな場所をつくりたいときは**Set Height**を使いましょう。ここでは高さ「20」に指定しています（図7.41）。このようにブラシで塗ったところを、指定した高さにそろえることができます。

▲**図7.41**：高さをハッキリと指定できる

デコボコがきつすぎるときは、**Smooth Height**を使います（図7.42）。ブラシで塗った場所をスムーズに、なめらかな感じにしてくれます。

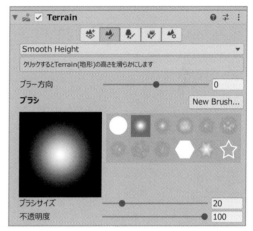

▲**図7.42**：なめらかな感じにすることができる機能

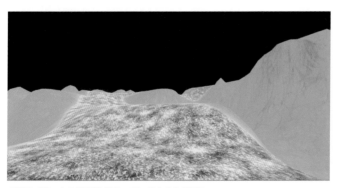

▲**図7.43**：山の間を道が走っているような感じに

Terrainはつくっているときとプレイ中で見た目のイメージが違ってきやすいので、こまめに再生ボタンをクリックしてたしかめてみるようにしましょう（図7.43）。また今回は使いませんでしたが、「木」や「草」を生やすこともできます。木や草を増やすと処理が重くなることも多いのでどう使うかムズかしいところですが、基本のTerrainづくりに慣れてきたら上手く活用してみましょう。

おわりに

　本書の冒頭から強調してきたように、メタバースの特徴は「つくる」ことです。特にclusterでは、ワールド作成はもちろん、音楽イベントや笑えるイベントや勉強になるイベント、アバター作成や「ワールドクラフト」のパーツ作成など、さまざまな「つくる」方法があります。しかも毎週のようにclusterの機能は更新され、日々新しい可能性が生まれているのです。

　本書を書く中でもclusterはどんどんアップデートされていきました。そのためスクリーンショットなども一部は最新版と異なるものがあるかと思いますが、「一度誰かが紙の本を書かないといけない、そうでなければclusterの面白さと可能性に気付かない人もいる」という思いで最後まで突っ走りました。

　個人で創作に取り組んでみたい人はもちろん、グループで音楽や劇などに取り組んでいる人、地域おこしや学術研究・教育活動・社会活動に取り組んでいる人、新しいことに挑戦したい学生・生徒の方など、いまよりさらに多くの人がclusterを活用することを期待しています。特にインターネットより本や新聞などで情報を集めることが多い方たちに、本書が届けば何よりです。

　本書の作成にあたり協力いただきましたクラスター社の皆様、検証作業をしていただいた村上俊一様、編集を担当いただいた宮腰隆之様、深田修一郎様、その他関係いただいた皆様に厚く御礼申し上げます。そして、日々clusterにてワールドをつくったりイベントを開催したりしているユーザーの皆様にもあらためて感謝を。本書の中でも、皆様のワールドやイベントの写真を活用させていただきました。何より皆様のおかげで、clusterが楽しいです。ありがとうございます。

　では読者の皆様、いつかclusterでお目にかかりましょう。日々新しくなるclusterの解説、今後も記事やイベントで行って参ります。

2022年10月吉日

vins

INDEX 索引

ア

アイテム 104, 228

アカウントの新規作成 43

アクセストークン 164

アセットストア 154, 207

アニメーション 205

アバター 15, 23, 50, 284

アバターの表示画質 62

アバターメイカー 50

イス 268

位置 167

一人称視点 56

一般参加者 72

イベント 25, 71, 73

イベント開催 79

インスペクター 141, 143

ウィンドウ 147

エフェクト 185

エモい系ワールド 29

エモート 54

音を鳴らす 250

オブジェクト 167, 223

親子関係 195

音楽 177

音量 63

カ

回転 167

画像編集ソフト 151

画面共有 77

環境光 282

環境ライティング 220

ギズモ 184

軌跡 233

ギミック 239

グローバル 145

ゲーム系ワールド 34

劇系イベント 28

ゲスト 72

検索 69

ゴースト 71

コメント 58

コライダー 170

コンサート系イベント 28

コンポーネント 171

サ

サーバータイプ 97

再現系ワールド 30

再公開 115

サウンド 63

三人称視点 56

サンプルプロジェクト 132

シーン 141

シェーダー 170, 223

視点の操作 (Unity) 140

写真 55

シャドウタイプ 280

ジャンプ力 241

衝突判定 249

ズームアウト 49

ズームイン 49

スクリーン 75, 221

スケール (拡大 / 縮小) 167

スタッフ 72

スピード 241

スプライト 192, 223

スポットライト 214

スロット 119

静的 279

空の色 219

タ

タイマー 265

タイムライン 291

タブ 147

探索 68

地形 292

チャット 58

注視点 147

ディレクショナルライト 214

テクスチャ（画像）............. 169

展示系ワールド 32

ドラッグ＆ドロップ 147

トリガー 239

ハ

バー・カフェ・居酒屋系ワールド 33

パーソナルスペース 95

パーティ 97

パーティクル 185, 223, 240

バッグ 102

パブリック 97

ハロークラスター 72

ヒエラルキー 141, 142, 172

非公開 114

プライベート 97

フリーフォント 150

プレハブ 200, 223

フレンド申請 64

プロジェクト 141, 142

ブロック 66

ベイク 278

ポイントライト 215

ポーズ 287

ポータル 96

ホーム 47

ボタン 236

ホラー系ワールド 35

マ

マイク 69

マテリアル 162, 169, 172, 223

的 248

ミュート 66

メインライト 280

メタバース 14

メッシュ 168, 223

メッセージ 239

ラ

ライティング 281

ライト 212

ライト設定 280

ループバック 69

レイヤー 296

ローカル 145

ロビー 59

ワ

ワープ 271

ワールド 24, 153

ワールドアップロード 164

ワールドクラフト 100

A

Add Instant Force Item Gimmick
.... 246

Animator 206, 263

Audio Source 177

B

Bakery 283

Blender 152

Bloom 181

Box Collider 171, 258, 263

C

cluster 14

Cluster Creators Kit (CCK) 133

Color Grading 182

Create Item Gimmick
.... 238, 257, 264

D

Despawn Height 218

Destroy Item Gimmick 261

DJ系イベント 27

G

Grabbable Item 229, 245

I

Interact Item Trigger
.... 237, 256, 272

Item Timer 260, 264

M

Mesh Collider 171, 204

Mesh Filter 171, 270

Mesh Renderer
.... 162, 171, 201, 263, 270

Meta Quest2 89

O

On Collide Item Trigger 250, 274

On Create Item Trigger 264

On Join Player Trigger 242

On Release Item Trigger 245

Owner 272

P

Particle System 187, 240

Play Audio Source Gimmick 252

Player Enter Warp Portal 273

Post Processing Stack (PPS)
.... 180, 223

R

REALITY 53

Ridable Item 268

Rigidbody 249, 274

S

Set Jump Height Rate Player
    Gimmick 241

Set Move Speed Rate Player
    Gimmick 241

Spawn Point 217

Sprite 192

T

Taichi Character Pack 288

Terrain 292

U

Unity Hub 127

Unity ID 126

Unityのバージョン 130

UniVRM 284

V

Vignette 182

VR 89

VRoid Studio 284

Vアイテム 74

W

Warp Player Gimmick 272

Trail Renderer 234

著者プロフィール

vins（ビンス）

東京大学 文学部卒。
Cluster Creators Guideへの寄稿やワールドの公開を行っている。
「クイズ・正解にタッチ！」ゲームワールド杯 2020 Unity Japan賞、「カンヅメ RPG」GameJAM2020 冬 大賞等を受賞。

装丁・本文デザイン	宮下裕一（imagecabinet）
編集	深田修一郎
DTP	株式会社シンクス
協力	クラスター株式会社 ⒸCluster, Inc. All Rights Reserved.
校正協力	佐藤 弘文
検証協力	村上俊一
装丁画像	W@（ワット）

メタバースワールド作成入門
clusterで作る仮想世界・イベント空間

2023年1月23日　初版第1刷発行
2023年6月20日　初版第2刷発行

著　者	vins（ビンス）
発行人	佐々木 幹夫
発行所	株式会社翔泳社（https://www.shoeisha.co.jp）
印刷・製本	株式会社シナノ

Ⓒ2023 vins

ISBN978-4-7981-7766-3
Printed in Japan